复杂环境下
家用电器安全

——高海拔、高温高湿、接地异常环境

马德军 等 著

中国质量标准出版传媒有限公司

中 国 标 准 出 版 社

北 京

图书在版编目（CIP）数据

复杂环境下家用电器安全：高海拔、高温高湿、接地异常环境/马德军等著. —北京：中国标准出版社，2021.2

ISBN 978－7－5066－9790－3

Ⅰ. ①复…　Ⅱ. ①马…　Ⅲ. ①日用电气器具—安全技术　Ⅳ. ①TM925.07

中国版本图书馆 CIP 数据核字（2021）第 031387 号

中国质量标准出版传媒有限公司
中　国　标　准　出　版　社　　出版发行
北京市朝阳区和平里西街甲 2 号（100029）
北京市西城区三里河北街 16 号（100045）
网址：www.spc.net.cn
总编室：（010）68533533　发行中心：（010）51780238
读者服务部：（010）68523946
中国标准出版社秦皇岛印刷厂印刷
各地新华书店经销

*

开本 710×1000　1/16　印张 15　字数 203 千字
2021 年 2 月第一版　2021 年 2 月第一次印刷

*

定价　68.00　元

本书撰写组成员

马德军　马小兵　刘真泉　蔡义坤　郭丽珍

李　鹏　胡志强　陈　进　周立国　曹瑞林

刘　彬　孙　强　侯全舵　孟晓山　关卫斌

王伯燕　赵晓红

前 言

全球有超过 1/3 陆地面积处于高海拔地区，居住人口约 7 亿。我国超过 1/4 国土处于高海拔地区，居住人口约 1 亿。全球高温高湿环境主要集中于南、北纬 10°之间，及南、北纬 10°至南北回归线之间，据不完全统计，截至 2020 年，热带地区居住人口约为 33 亿，几乎占全球人口（75.85 亿）的 43.51%，并且该数据处于持续增长状态。接地系统异常也是广泛存在于包括中国在内的许多发展中国家的部分地区，早在 2009 年中国消费者协会曾警告，不合格的用电环境已经成为我国"三大用电隐患"之一。

家用电器的安全是建立在其符合 IEC 60335（国家标准 GB 4706）系列标准基础之上的。而 IEC 60335（GB 4706）系列标准是以有限使用环境（也可称为正常使用环境）为前提而制定的。正常使用环境通常是指海拔高度不超过 2000 m、温带和亚热带气候、器具的外部接地系统良好等。在正常使用环境下，依据 IEC 60335 系列（GB 4706 系列）标准设计的家用电器可有效预防电击等对人身造成伤害。但在高海拔、高温、高湿和接地异常复杂环境下，如仅依上述未涉及复杂环境下安全防护的标准设计、使用家电，则会对消费者构成严重的安全隐患。

家用电器作为一种生活必需品早已遍布全球各个角落，其中相当一部分家用电器的使用环境已超出了 IEC 60335 系列标准所假定的有限使用环境。

鉴于以上原因，IEC/TC 61 根据家用电器在复杂环境下使用带来的安全问题不断完善相关标准，并成立了由中国专家担任主席的 ahG 50

"Safety of household and similar use appliances working under plateau conditions（在高原环境下使用家用和类似用途电器的安全）"工作组。根据 ahG 50 工作组的阶段性研究及高原/平原比对试验结果，家用电器在输入功率、发热、泄漏电流和击穿电压方面存在着明显的差异，这也充分提示了在高海拔地区使用家用电器存在的风险。

本书聚焦 IEC 60335（GB 4706）系列标准所假定的环境之外的家用电器主要使用环境，对复杂环境下家用电器使用安全进行研究，旨在发现复杂环境的分布规律与特征，阐明复杂环境影响家用电器安全的作用机理，梳理复杂环境下使用家用电器可能存在的安全隐患，进而探索复杂环境下家用电器安全的标准化。

本书正是基于上述目的，结合全球家用电器市场需求，选择了高海拔、高温高湿和接地异常等复杂环境下的家用电器安全作为研究对象，详细介绍了家电安全防护理念和理论，从标准、技术和产品侧提出了解决复杂环境下家电安全防护的要求。

本书共分为 8 章，分别就全球高海拔、高温高湿气候环境概况，家用电器的安全风险及控制，高海拔环境下的家用电器安全，高温高湿环境下的家用电器安全，接地异常环境下的家用电器安全，复杂使用环境下的相关安全标准，环境试验检测设备及计量，家用电器安全使用指南进行了详细的阐述，为家用电器各利益相关方提供了专业的技术支撑。

由于水平有限，加之时间仓促，书中难免有错误和不妥之处，敬请广大读者批评指正。

在此，感谢中国标准出版社编辑的支持和鼓励，感谢他们在本书撰写与出版过程中的热情帮助和耐心指导。

冯德峰

2020 年 12 月

目　录

第一章
全球高海拔、高温高湿气候环境概况

| 第一节 |

我国高海拔、高温高湿气候环境概况

一、地形气候概况

（一）地形概况

我国位于亚洲东部，幅员辽阔，地势西高东低，呈阶梯状分布：雄踞西南的青藏高原一般海拔在 3000 m~5000 m 之间，是我国地形上最高一级的阶梯；越过青藏高原北缘的昆仑山—祁连山和东缘的岷山—邛崃山—横断山一线，地势就迅速下降到海拔 1000 m~2000 m 之间，局部地区可在 500 m 以下，为第二级阶梯；翻过大兴安岭至雪峰山一线，向东直到海岸是海拔 500 m 以下的丘陵和平原，为第三级阶梯；从海岸线向东，则是一望无际、碧波万顷、岛屿星罗棋布、水深大都不足 200 m 的浅海大陆架区，也有人把它当作我国地形的第四级阶梯。不同海拔高度所占面积分布情况见表 1-1。

表 1-1 我国海拔高度及所占面积分布表

海拔高度	3000 m 以上	>2000 m~3000 m	>1000 m~2000 m	>500 m~1000 m	500 m 及以下
面积比例	25.86%	7.04%	24.99%	16.93%	25.18%

我国地形复杂多样，山区面积广大。陆地上的 5 种基本地形——高原、山地、平原、丘陵、盆地均有分布。如果把高山、中山、低山、丘陵和崎岖不平的高原都包括在内，那么我国山区的面积可占全国土地总面积的 2/3 以上。我国各地形面积比例见表 1-2。

表1-2　我国各地形面积比例表

地形	高原	山地	平原	丘陵	盆地
面积比例	33.33%	26.04%	18.75%	9.90%	11.98%

（二）气候概况

我国东临世界上最大的海洋——太平洋，西南耸立着"世界屋脊"——青藏高原。高低悬殊的地势以及东亚大气环流系统的共同作用，形成了我国特有的复杂而多样的气候，世界上现有的气候类型，我国大部分都有。从气候类型上看，我国东部属季风气候（又可分为亚热带季风气候、温带季风气候和热带季风气候）；西北部属温带大陆性气候；青藏高原属高寒气候。从温度带划分看，有热带、亚热带、暖温带、中温带、寒温带和青藏高原区。从干湿地区划分看，有湿润地区、半湿润地区、半干旱地区、干旱地区之分。而且在同一个温度带内，含有不同的干湿区；同一个干湿地区中又含有不同的温度带。

受纬度位置和冬季风的影响，我国冬季南方温暖，北方寒冷，南北气温差别大；夏季除青藏高原等地势高的地区外，全国普遍高温，南北气温差别不大。

根据积温（生长期内每天平均气温累加起来的温度总和）的分布，我国划分为5个温度带和一个特殊的青藏高原区，见表1-3。

表1-3　我国温度带的划分

温度带	≥10℃积温/℃	生长期/天	分布范围
热带	>8000	365	海南全省和滇、粤、台三省南部
亚热带	4500~8000	218~365	秦岭—淮河以南，青藏高原以东
暖温带	3400~4500	171~218	黄河中下游大部分地区及南疆
中温带	1600~3400	100~171	东北、内蒙古大部分及北疆
寒温带	<1600	<100	黑龙江省北部及内蒙古东北部
青藏高原区	<2000（大部分地区）	0~100	青藏高原

从年降水量来看，我国呈现出从东南沿海向西北内陆递减的空间分布规律，各地区差别很大，大致是沿海多于内陆，南方多于北方，山区多于平原。800 mm 等降水量线在淮河—秦岭—青藏高原东南边缘一线；400 mm等降水量线在大兴安岭—张家口—兰州—拉萨—喜马拉雅山东南端一线。塔里木盆地年降水量少于 50 mm，其南部边缘的一些地区降水量不足20 mm；吐鲁番盆地的托克逊平均年降水量仅 5.9 mm，是我国的"旱极"。我国东南部有些地区降水量在 1600 mm 以上，台湾东部山地可达 3000 mm以上，其东北部的火烧寮年平均降水量达 6000 mm 以上，最多的年份为8408 mm，是我国的"雨极"。大兴安岭—阴山—贺兰山—巴颜喀拉山—冈底斯山连线以西以北的地区，夏季风很难到达，降水量很少。

干湿状况是反映气候特征的标志之一，一个地方的干湿程度由降水量和蒸发量的对比关系所决定，降水量大于蒸发量，该地区则湿润；降水量小于蒸发量，该地区则干燥。我国各地干湿状况差异很大，共划分为 4 个干湿地区：湿润区、半湿润区、半干旱区和干旱区，见表 1-4。

表 1-4　我国干湿地区的划分

干湿地区	年降水量/mm	干湿状况	分布地区
湿润区	>800	降水量>蒸发量	秦岭—淮河以南、青藏高原南部、内蒙古东北部、东北三省东部
半湿润区	>400		东北平原、华北平原、黄土高原大部、青藏高原东南部
半干旱区	<400	降水量<蒸发量	内蒙古高原、黄土高原的一部分、青藏高原大部
干旱区	<200		新疆、内蒙古高原西部、青藏高原西北部

二、高海拔环境概况

（一）高海拔地区分布

高原是指海拔高度在 1000 m 以上，面积广大、地形开阔、周边以明显的陡坡为界且比较完整的大面积隆起地区。由于高度、位置、成因和受外力侵蚀作用的不同，高原的外貌特征各异。我国有四大高原：青藏高原、云贵高原、黄土高原和内蒙古高原，它们集中分布在地势第一、二级阶梯上。

1. 青藏高原

青藏高原位于我国西南部，是我国最大的高原，也是世界上海拔最高的高原，被称为"世界屋脊"。青藏高原南起喜马拉雅山脉南缘，北至昆仑山、阿尔金山和祁连山北缘，西部为帕米尔高原和喀喇昆仑山脉，东及东北部与秦岭山脉西段和黄土高原相接，介于北纬 26°00′～39°47′，东经 73°19′～104°47′之间。

青藏高原东西长约 2800 km，南北宽 300 km～1500 km，总面积约 250 万 km²，地形上可分为藏北高原、藏南谷地、柴达木盆地、祁连山地、青海高原和川藏高山峡谷区 6 个部分，包括我国西藏全部和青海、新疆、甘肃、四川、云南的部分地区，同时还包括了不丹、尼泊尔、印度、巴基斯坦、阿富汗、塔吉克斯坦、吉尔吉斯斯坦的部分或全部。

青藏高原高山大川密布，地势险峻多变，高原各处高山参差不齐，落差极大。其中海拔 4000 m 以上的地区占青海省面积的 60.93%，占西藏全区面积的 86.1%。地势呈西高东低的特点。

2. 云贵高原

云贵高原位于我国西南部，西起横断山、哀牢山，东到武陵山、雪峰山，东南至越城岭，北至长江南岸的大娄山，南到桂、滇边境的山岭。云贵高原东西长约 1000 km，南北宽 400 km～800 km，总面积约 50 万 km²，包括云南省东部，贵州全省，广西西北部和四川、湖北、湖南等省边界，是我国西南边疆的主体部分，也是我国通往东南亚、南亚地区的必经区域。

云贵高原海拔 1100 m～2000 m，地势西北高，东南低，大致以乌蒙山为界分为云南高原和贵州高原两部分。西面的云南高原平均海拔约 2000 m，高原地形较为明显；东面的贵州高原平均海拔约 1000 m，起伏较大，山脉较多，高原面保留不多，称为"山原"。

3. 黄土高原

黄土高原位于我国地势的第二级阶梯上，它东起太行山，西至乌鞘岭，南连关中北部，北抵长城，主要包括山西、陕西北部，以及甘肃、青海、宁夏、河南、内蒙古等部分地区。黄土高原由西北向东南倾斜，海拔高度 1000 m～2000 m，除石质山地外，大部分为厚层黄土覆盖。黄土高原面积约 64 万 km^2，占世界黄土分布的 70%，为世界最大的黄土堆积区。

黄土高原上的主要山脉太行山、吕梁山和六盘山把高原分割成 3 部分：（1）山西高原。吕梁山以东至太行山西麓，有许多褶皱断块山岭和断陷盆地，主峰海拔均超过 2000 m，山地下部多为黄土覆盖。（2）陕甘黄土高原。吕梁山和六盘山之间黄土连续分布，厚度很大，其堆积顶面海拔一般在 1000 m～1300 m，是我国黄土自然地理特征最典型的地区。（3）陇西高原。六盘山以西，高原海拔约 2000 m，黄土厚度逐渐增大，成为波状起伏的岭谷。黄土高原上还有许多地貌迥然有别的塬、梁、峁等高原沟间地，以及为数众多的大小沟谷。

4. 内蒙古高原

内蒙古高原是蒙古高原的一部分，位于我国北部。内蒙古高原位于阴山山脉之北，大兴安岭以西，北至国界，西至东经 106°附近，介于北纬 40°20′～50°50′，东经 106°～121°40′，面积约 34 万 km^2。广义的内蒙古高原还包括阴山以南的鄂尔多斯高原和贺兰山以西的阿拉善高原。

内蒙古高原一般海拔 1000 m～1200 m，南高北低，北部形成东西向低地，最低海拔降至 600 m 左右，在中蒙边境一带是断续相连的干燥剥蚀残丘，相对高度约百米。内蒙古高原地面平坦完整，起伏和缓，古剥蚀夷平面显著，风沙广布，古有"瀚海"之称。内蒙古高原上普遍存有 5 级夷平面，形成层状高原。内蒙古高原戈壁、沙漠、沙地依次从西北向东南略呈弧形分布，西北部边缘为砾质戈壁，往东南为砂质戈壁，中部和东南部为伏沙和明沙。伏沙带分布于阴山北麓和大兴安岭西麓，呈弧形断续相连；明沙主要有巴音戈壁沙漠、海里斯沙漠、白音察干沙漠、浑善达克沙地、乌珠穆沁沙地、呼伦贝尔沙地等。

（二）气候特征（以青藏高原为例）

青藏高原独特的地理位置、复杂的地形地貌，造就了独特的高原气候特征。与同纬度其他地区相比，青藏高原由于海拔相对较高，大气压力下降，空气密度较低；平均气温低，昼夜温差大；日照时间长，太阳辐射照度较高，紫外线强；降水量低，空气绝对湿度小；土壤温度低，冻土地区广，冻结时间长；年大风日多，风沙大，且天气、气候易变。

1. 气压低，空气密度小

青藏高原平均海拔超过4000 m 的区域占了高原总面积的56%以上。高海拔、低气压是青藏高原区别于平原地区最主要的气候特征。气压随海拔高度增加而下降。海拔每升高 1000 m，大气压力下降约9%。

如果取平原地区气压值为 1，以西藏地区为例，各地的气压值：林芝为 0.71，拉萨为 0.66，那曲为 0.62，安多为 0.60。我国部分高原地区和平原地区的海拔高度和气压值如表 1-5 所示。

表 1-5　我国部分地区海拔高度和气压值

地名	海拔/m	气压/kPa	地名	海拔/m	气压/kPa
安多	4800	57.4	北京	31.2	99.86
沱沱河	4518	58.5	上海	4.5	100.53
那曲	4507	58.9	西安	396.9	95.92
日喀则	3836	63.83	成都	505.9	94.77

表1-5（续）

地名	海拔/m	气压/kPa	地名	海拔/m	气压/kPa
玉树	3681.2	65.1	兰州	1517.2	84.31
拉萨	3658	65.2	昆明	1891.4	80.8
林芝	3000	70.54	郑州	110.4	99.17
西宁	2261.2	77.35	广州	6.6	100.45

2. 年平均气温低，年较差小，日较差大

青藏高原气温随海拔高度升高而降低，海拔高度增加而导致的相对低温和寒冷特征明显，气温低于同纬度的低地地区。通常海拔高度每上升100 m，环境气温平均降低0.5 ℃。

青藏高原冬季平均气温分布大致是东低西高，北低南高。高原面上1月平均气温低至-10 ℃~-15 ℃，仅在雅鲁藏布江谷地因海拔较低，气候相对暖和，温度分布既随纬度递减，又随海拔高度递减。夏季由于夏季风盛行，我国南北温度差异不大，但此时青藏高原仍是全国"最冷的"地区，7月均温与南岭以南的1月均温相当，大片地域平均气温低于10 ℃。青藏高原内部年均低温为全国最低值，有近一半地区年平均气温低于0 ℃。

气温日较差也称气温日振幅，是指一天中气温最高值与最低值之差，其大小和纬度、季节、地表性质及天气情况有关。年较差是指一年中最高月平均气温与最低月平均气温之差。与同纬度平原地区相比，青藏高原气温具有日较差大而年较差较小的特点。

青藏高原空气密度小，白天大气对太阳辐射的消弱作用低，升温快；夜间大气对地面辐射的保温作用差，降温快，导致气温日较差大。拉萨、日喀则等地年平均日较差均在14 ℃~16 ℃。与之相比较，北京、西安为10 ℃~12 ℃，成都、武汉、南京为7 ℃~8.5 ℃。阿里地区、藏北高原、柴达木盆地等地的日较差约17 ℃左右。

此外，高原地区内部日较差也有差异，具体差异大小与地形、植被、干湿程度等因素有关，如柴达木盆地干燥，多晴少雨，白天增温急剧，夜间降温快，日较差较大；而在多阴雨的藏东南地区，白天增温不高，夜间云层低，降温少，昼夜温差较小。

青藏高原有夏季温度不高，冬季温度不太低的特点，使得年内气温变化较缓，年振幅相对也较小。如西藏南部的拉萨、昌都、日喀则等地的年较差为 18 ℃~20 ℃，而纬度相近的武汉、南京是 26 ℃；西藏北部的气温年较差略大，一般达 26 ℃~30 ℃，而纬度与其接近的兰州的气温年较差则达到了 30 ℃~31 ℃。

3. 光照强度大，日照时间长

高原地区空气稀薄清洁，水汽含量少，阳光透过大气层的能量损失少，因此阳光辐射强。青藏高原是我国太阳辐射最强的地方，年平均总辐射量在 3800 MJ/m² ~8600 MJ/m²。整体来说，青藏高原西部地区太阳年均辐射量高于东部地区，西南部地区降水量少且纬度低，与青海柴达木盆地形成总辐射的高值中心，低值中心集中于四川盆地和藏东南地区。

其中，西藏是我国太阳总辐射最丰富的地区，全区年总辐射多在 5000 MJ/m² ~8000 MJ/m² 之间，呈自东向西递增形式分布。以拉萨为例，2016 年全年日照时数 3020 h，是大致同纬度的成都的 2.7 倍，上海的 1.8 倍；年平均日太阳辐照量达到 23.85 MJ/m²，是成都的 2 倍多，上海的 1.7 倍，因此被称为"日光城"。

4. 降水量少，相对湿度低

青藏高原雨季和旱季分明，全年 80%~90% 的降水集中在 5 月—9 月的雨季。青藏高原整体降水量少于平原地区。我国东部地区平均年降水量普遍在 1000 mm 以上，而青藏高原地区平均年降水量在 400 mm 左右。青藏高原南部受印度洋暖湿气流的影响，降水较多，平均在 1000 mm 以上；而北部由于地处内陆，降水量仅在 100 mm 左右。其中雅鲁藏布江下游地区降水最多，柴达木盆地西北部降水最少。高原上降水量整体呈现由东南向西北逐渐减少的趋势。

降水量少是青藏高原地区环境相对湿度低的重要原因。与降水量分布规律相似，青藏高原东南部环境较为湿润，而西北部则相对干燥。其中，东南部的错拉县环境相对湿度可达 74.5%，是青藏高原地区的最高值，而位于西北部的狮泉河和冷湖镇，环境相对湿度均在 30% 左右。表 1-6 为我国部分地区环境相对湿度值。

表 1-6　我国部分地区环境相对湿度值

地点	相对湿度/%	地点	相对湿度/%
拉萨	44	北京	57
西宁	55	上海	77
安多	52	武汉	77
那曲	53	广州	77
日喀则	44	漠河	69
格尔木	32	哈尔滨	61
大柴旦	44	重庆	80
狮泉河	34	银川	57
沱沱河	53	吐鲁番	41

5. 冻土层厚，且分布广泛

冻土是指 0 ℃ 以下，含有冰的各种岩石和土壤。一般可分为短时冻土（数小时/数日至半个月）、季节冻土（半个月至数月）以及多年冻土（又称永久冻土，指持续 2 年或 2 年以上的冻结不融的土层）。

我国多高山高原，高海拔地区的多年冻土分布面积达 173.2 万 km²，居世界之最，占全国多年冻土面积的 80.6%，是北半球高海拔多年冻土面积的 74.5%。海拔高度、地理纬度和水陆分布等是影响高海拔多年冻土的主要因素。我国高海拔多年冻土主要分布在青藏高原以及新疆等地区。

青藏高原地区多年冻土面积约为 105 万 km²，是我国乃至世界高海拔多年冻土区的典型代表。我国冻土学者的调查和模拟研究显示，青藏高原多年冻土分布以羌塘高原为中心向周边展开，羌塘高原北部和昆仑山是多年冻土最多的地区，基本连续或大片分布；青藏公路沿线，自西大滩往南直至唐古拉山南麓安多附近，地段内除局部有大河融区和构造地热融区外，多年冻土基本连续分布，由此向西、西北方向延伸至喀喇昆仑山；安多以南多年冻土主要分布在高山顶部，如冈底斯山、喜马拉雅山和念青唐古拉山地区；青藏公路以东地区，片状、岛状多年冻土与季节冻土并存，横断山区基本为岛状山地多年冻土。

受气候条件和地质条件的综合影响，青藏高原多年冻土平均厚度区域差异很大，目前实测的多年冻土最大厚度约为 128 m，出现在西藏那曲唐古拉山区的瓦里百里塘盆地，从整个青藏高原来看，海拔高度极高的高山脊、岭地区多年冻土厚度最大，可以达到 200 m 及以上；山间丘陵地带次之（60 m～130 m）；高平原及河谷地带最小（<60 m）。

青藏高原多年冻土厚度受到高度地带性控制，随海拔升高，冻土厚度增大、地温降低是普遍规律。高原冻土腹部地区（沿青藏公路）海拔每升高 100 m，冻土厚度增加量在 20 m 左右，而在高原东部为 13 m～17 m。高原东部地区（以 214 国道温泉地区为例）多年冻土分布下界海拔大约在 4200 m，10 m 深度多年冻土地温随海拔高度的变化速率约为 -0.67 ℃/100 m；北部边缘阿尔金山地区下界海拔大约位于 4300 m，10 m 深度多年冻土地温随海拔高度的变化速率约为 -0.83 ℃/100 m。西北部边缘（以西昆仑山为例）下界海拔大约在 4800 m，10 m 深度多年冻土地温随海拔高度的变化速率约为 -0.87 ℃/100 m。

6. 风季明显，风沙大

青藏高原风季较为集中，基本是从 11 月至翌年 5 月。由于压差影响，冬末春初风力最强，瞬时极值风速可超过 30 m/s。每年从 10 月份开始风速逐渐增加，翌年 2 月开始又逐渐降低。一天当中早晨风速最小，午后起风并逐渐增大，到晚上逐渐停止。据高原腹地五道梁和沱沱河气象站的多年观测资料，年平均风速在 5 m/s 左右，12 月至翌年 3 月平均风速在 6 m/s以上。青藏高原是我国出现大风日数最多、范围最大的地区，比同纬度的我国东部地区多几倍甚至数十倍。大风频发区域主要集中在高原中部，以沱沱河为中心的中部地区年平均大风日数大于 100 天，高原年平均大风日数一般都在 60 天以上，冬春两季的大风日数占全年日数的 75% 以上。

近数十年来，由于气候变暖导致冰川退缩，多年冻土退化，湖塘面积缩小，沼泽湿地退化，地表风蚀加重，加之人类不合理的活动破坏环境，致使青藏高原沙漠化现象加剧。据中国地质调查局国土资源航空物探遥感中心的"青藏高原生态地质环境遥感与监测"项目的调查结果，2003 年高原沙漠化面积之大超过了我国北方四大沙漠（塔克拉玛干沙漠，33.7 万 km^2；古尔班通古特沙漠，4.88 万 km^2；巴丹吉林沙漠，4.43 万 km^2；腾格里沙漠，4.27 万 km^2）面积的总和。高原沙丘不同于上述四大沙漠的连片特点，以点、条和块为主，主要分布在青藏高原的中西部地区。它们为扬沙及沙尘暴等天气的发生提供了充足的沙源。

根据 1954 年—2001 年国家基本气象站地面观测资料，青藏高原 63 个基本气象站，平均每站每年发生沙尘暴 5.3 日，频率之高仅次于宁夏、新疆、内蒙古、甘肃四省（区），并有 10 个站平均每站每年有沙尘暴 10 日以上，是我国沙尘暴多发区之一。从季节来看，青藏高原的扬沙和沙尘暴主要发生在春、冬季。冬季主要出现在高原西南部，且随着时间的推移，范围逐渐扩大；3 月、4 月向高原北部和东北方向扩展。藏南谷地的雅鲁藏布江及其支流河域、藏北高原和青海高原的长江、黄河和澜沧江等三江源地区是青藏高原三个沙尘天气多发区。

（三）人口概况

1. 青藏高原

青藏高原包括西藏自治区的全部，青海省的绝大部分县市，四川省的甘孜州和阿坝州，甘肃省的合作、碌曲、玛曲、迭部等 4 县（市），新疆维吾尔自治区的塔什库尔干县和云南省的贡山、福贡等 2 县，涉及 6 个省区、212 个县。

统计研究显示，以西藏、青海为代表的青藏高原人口分布随海拔高度变化而不同，居民点密度在海拔 2600 m 达到第一个峰值，海拔 2700 m 之后急剧下降，到海拔 4000 m 左右达到第二个峰值，之后又逐步降低。青海省在海拔 1600 m～2600 m 的地区，集中了全省人口的 75%，是居民点的密度高峰点。西藏地区平均海拔在 4000 m 以上，人口也主要分布在海拔 4000 m 左右的高原面附近，从海拔 4000 m 向上，由于气候、土质等因素限制，人口和居民点逐渐减少。海拔 4000 m 以下，虽然气候、土壤条件较好，适用于农业，但由于交通等其他原因，以及藏族以牧业为主的生活方式，人口和居民点也逐步减少。

1953 年至 2001 年，青藏高原人口年均增长率为 28.17%，高于 24.81% 的全国平均水平。2018 年西藏的人口达到 344 万人，青海达到 603 万人。

青藏高原也是我国少数民族聚居区之一。西藏居住着藏族、门巴族、珞巴族、回族、纳西族等；青海居住着藏族、回族、土族、撒拉族、蒙古族及其他少数民族，2017 年少数民族占青海人口总数的 47.71%。

2. 云贵高原

云贵高原是我国少数民族种类最多的地区。云南省人口在 6000 以上的世居少数民族有彝族、哈尼族、白族、傣族、壮族、苗族、回族、傈僳族等 25 个；全国 55 个少数民族中，在贵州省除塔吉克族和乌孜别克族外，其他民族均有分布，其中，世居的少数民族有苗族、布依族、侗族、土家族、彝族、仡佬族、水族、回族、白族、壮族、瑶族等 17 个。

2018 年云南人口达到 4830 万，其中少数民族人口达 1621.26 万，占全省人口总数的 33.6%。2010 年第六次人口普查数据显示，贵州人口总数为 3479 万，其中少数民族人口总量占全省人口总数的 36.11%，占全国少数民族总量的 11.03%，在全国排第四位。2018 年贵州人口总数增加至 3600 万。

3. 黄土高原

黄土高原横跨山西省、陕西省、甘肃省、青海省、内蒙古自治区、宁夏回族自治区及河南省等省区，共涉及 7 个省 43 个地级市的 284 个县级行政单元。随着经济社会的发展，黄土高原人口一直稳定增长，人口密度整体水平在提高。从 1949 年以来的不足 4000 万，一直到 2000 年以后突破 1 亿大关，人口密度最大值由 1964 年的 1149.55 人/km² 增加至 2007 年的 3288.36 人/km²，增加值将近 2000 人/km²。该地区的人口重心一直呈现出向西偏移的特征。2018 年，山西省人口达到 3718 万，陕西省人口达到 3864 万。

4. 内蒙古高原

内蒙古高原行政区划包括内蒙古大部分和甘、宁、冀的一部分。内蒙古自治区和宁夏回族自治区分别是我国蒙古族和回族的最大聚居区。2017 年内蒙古自治区人口总数为 2528.6 万，其中，汉族人口为 1880.09 万，占全区总人口的 77.10%；蒙古族人口为 463.88 万，占全区总人口的 19.02%；回族、满族、达斡尔族等其他少数民族人口为 184.62 万，占全区总人口的 3.88%。

三、高温高湿环境概况

（一）高温高湿地区分布

我国东南沿海地区属亚热带热带海洋性气候，夏季天气基本上都是高温多雨，温度和湿度都相对较高。盛行的海陆风使空气中盐分含量高，盐雾浓度大。同时，日照时间长，太阳辐射量大。其中最典型的高温高湿地区属处于热带气候区的海南和广东两省，以及云南和台湾南部的部分地区。

除此之外，处于亚热带季风区的广西、福建、浙江、上海、江苏、安徽、江西、湖南、湖北、贵州、四川等省、市、自治区，夏季温度和湿度也相对较高。

（二）高温高湿地区气候特征（以海南为例）

海南岛地处热带北缘，属热带季风气候，素来有"天然大温室"的美称，是全国最大的"热带宝地"，陆地总面积3.5万km²，占全国热带土地面积的42.5%。海南岛入春早，升温快，日温差大，全年无霜冻，冬季温暖。

1. 光照与气温

海南岛纬度较低，太阳投射角大，光照时间长。年太阳总辐射量为5145.39 MJ/m²~6113.24 MJ/m²，年日照时数为1750 h~2650 h，光照率为50%~60%。

海南各地年平均温度在23℃~25℃之间，大于或等于10℃的积温为8200℃，中部山区较低，西南部较高。海南全年没有冬季，1月—2月为最冷月，平均温度16℃~24℃，平均极端低温大部分在5℃以上。夏季从3月中旬至11月上旬，7月—8月为平均温度最高月份，在25℃~29℃，经常出现35℃左右的高温天气。

2. 降雨与湿度

海南地处台风运动活跃的太平洋西北缘，受台风、热带风暴等极端气候的影响频繁。海南大部分地区降雨充沛，全岛年平均降雨量为1639 mm。降雨季节分配不均匀，5月—10月是多雨季，总降雨量达1500 mm左右，占全年总降雨量的70%~90%，11月至翌年4月为少雨季，占全年降雨量的10%~30%。

海南全年湿度大，年平均水汽压约23 hPa（琼中）至26 hPa（三亚）。中部和东部沿海为湿润区，西南部沿海为半干燥区，其他地区为半湿润区。表1-7为海南部分地区湿热气候类型数据。

表1-7　海南部分地区湿热气候类型数据表

城市	气候类型	温度和湿度的日均值的年极值的平均值			温度和湿度的年极值的年均值			温度和湿度的绝对极值		
		低温	高温	最高绝对湿度	低温	高温	最高绝对湿度	低温	高温	最高绝对湿度
		℃	℃	g/m³	℃	℃	g/m³	℃	℃	g/m³
海口	湿热	12.2	30.5	24.6	9.2	36.0	29.3	4.9	38.7	31.8
东方	湿热	13.7	30.9	24.4	10.7	34.0	26.9	5.8	36.5	29.0
琼海	湿热	12.7	30.2	24.7	10.0	36.2	30.4	5.3	38.9	34.4

注：数据来源为1961年—2000年气象资料。

3. 盐雾

海南岛地处南海海域，其盐雾为海洋性盐雾，主要来源为含盐海水在风浪间、海岸和海浪间相互拍打形成的含盐微小液滴。在大气运动条件下，微小液滴被带到空中，不断分裂、蒸发、扩散，与空气以及空气中的尘埃、水汽等成分结合，形成弥散系统。据海南万宁盐雾暴露试验站数据，大气中氯离子的含量（质量分数）冬高夏低，即在10月—12月较高，4月—9月较低，最高含量为1.1 mg/（100 cm² · d），最低含量为0.15 mg/（100 cm² · d），最高含量是最低含量的7倍多（见图1-1）。南海海域盐雾浓度是我国四大海域中最高的。盐雾环境对暴露材料的腐蚀主要表现在酸根离子的腐蚀作用，特别是氯离子的腐蚀作用。

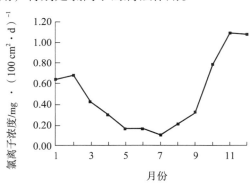

图1-1　万宁试验站大气氯离子含量变化曲线

（三）人口概况

2018 年，海南和广东两省人口合计 1.22 亿，占全国总人口的 7.17%。其中海南省人口 934 万，广东省人口 1.13 亿。

福建、浙江、上海、江苏、安徽、江西、湖南、湖北、广西壮族自治区等省、市、自治区总人口共计 44219 万，占全国总人口的 31.7%。

| 第二节 |
全球其他地区高海拔、高温高湿气候环境概况

一、高海拔环境概况

（一）概述

高原在世界范围内分布很广，连同所包围的盆地一起，约占地球陆地面积的 45%。高原地形在亚洲、非洲、美洲、大洋洲等均有分布。由于它们的地理位置、海陆环境、海拔高度和高原形态上的差异，气候也各不相同，自然景观垂直变化显著。

（二）亚洲

亚洲地势中间高四周低，高原地形分布十分广泛，主要的高原地形包括青藏高原、蒙古高原、帕米尔高原、伊朗高原、安纳托利亚高原、德干高原、阿拉伯高原、黄土高原和云贵高原等。

1. 蒙古高原

蒙古高原东起大兴安岭，西至阿尔泰山，平均海拔约 1580 m，面积约 165 万 km^2（未计入内蒙古高原面积），蒙古高原包括蒙古国全部，俄罗斯南部的图瓦共和国、布里亚特共和国与外贝加尔边疆区，我国的内蒙古自治区北部与新疆维吾尔自治区部分地区，与我国内蒙古高原为一体。蒙古

国属内陆国家，为典型的温带大陆性气候，终年干燥少雨，夏季炎热冬季酷寒，冬季最低气温可至-40℃（最低曾低至-60℃），夏季最高气温可达38℃（最高曾达到45℃），早晚温差较大，无霜期短，年平均降雨量250 mm，首都乌兰巴托海拔约1350 m。

2. 帕米尔高原

帕米尔高原地处中亚东南部、我国的最西端，横跨塔吉克斯坦、我国和阿富汗，面积约10万km²，平均海拔4500 m以上，主要山峰均在6000 m以上，拥有多座高峰，也是古"丝绸之路"西去中亚的重要通道。

塔吉克斯坦境内多山，约占其国土面积的93%，有"高山国"之称。境内有3条主要山脉：北部天山山脉；中部吉萨尔—阿赖山脉；东南部为帕米尔高原。塔吉克斯坦属典型的大陆性气候，冬、春两季雨雪较多，夏、秋季节干燥少雨，年降水量约150 mm~250 mm。1月平均气温-2℃~2℃，7月平均气温23℃~30℃，夏季最高气温可达40℃，冬季最低气温-20℃。帕米尔山西部终年积雪，形成巨大的冰河。

3. 伊朗高原

伊朗高原位于帕米尔高原和亚美尼亚高原之间，是亚洲西南部的高原地带，范围包括西亚中部高原及四周山地，大部分在伊朗境内，东部在阿富汗，东南部属巴基斯坦，海拔1000 m~1500 m，面积约270万km²。

伊朗是一个高原和山地相间的国家，平均海拔1305 m，最高峰达马万德海拔5625 m，海拔最低点在里海，低于海平面28 m。伊朗境内1/4为沙漠，大部分地区和南部沿海地区属沙漠性和半沙漠性气候，干热季节长，可持续7个月，年平均降雨量30 mm~250 mm；高山地区属山区气候。伊朗是一个多民族国家，至2017年7月人口数量为8202.1万。

巴基斯坦位于南亚次大陆西北部，南濒阿拉伯海，东、北、西三面分别与印度、中国、阿富汗和伊朗为邻，国土面积约79.6万km²（不含巴控克什米尔的约1.3万km²），人口约2.08亿。巴基斯坦3/5为山区和丘陵地形。喜马拉雅山、喀喇昆仑山和兴都库什山三条世界上有名的大山脉在巴基斯坦西北部汇聚，形成了奇特的景观。巴基斯坦境内不乏高山和高原，最高峰乔戈里峰海拔 8611 m，是喀喇昆仑山脉的主峰。除南部属热带气候外，巴基斯坦其余大部分地区处于亚热带，气候总体上比较炎热干燥，每年平均降雨量不到 250 mm，1/4 的地区降雨量在 120 mm 以下。最炎热的时节是 6 月和 7 月，大部分地区中午的气温超过 40 ℃，部分地区可高达 50 ℃以上。气温最低的时节是 12 月至 2 月。海拔高度超过 2000 m 以上的北部山区比较凉爽，且温差大，昼夜平均温差 14 ℃左右。

4. 安纳托利亚高原

安纳托利亚高原位于亚洲西部小亚细亚半岛的土耳其境内，又名土耳其高原，面积约 50 万 km²。安纳托利亚高原三面环山，一面敞开，地势自东向西逐渐降低，中部起伏不平，海拔 800 m～1200 m；安纳托利亚高原南、北两侧山地向东汇合为亚美尼亚高原，高原大部海拔为 3000 m～4000 m，横跨土耳其、伊朗和亚美尼亚等国，面积约 40 万 km²。

5. 德干高原

德干高原是南亚印度半岛的内陆部分，位于印度南部，地势西高东低，北宽南窄，呈倒三角形从亚洲大陆南伸入印度洋。西高止山构成高原的西部边缘，高度 1000 m～1500 m，其西斜面成断层崖；东高止山构成高原的东部边缘，高度 500 m～600 m，为低丘状。

印度是南亚次大陆最大的国家，东北部同中国、尼泊尔、不丹接壤，东部与缅甸为邻，东南部与斯里兰卡隔海相望，西北部与巴基斯坦交界，东临孟加拉湾，西濒阿拉伯海。按照地形特征，印度大致可以分为 5 个部分：北部喜马拉雅山区、中部恒河平原区、西部塔尔沙漠区、南部德干高原区和东西海域岛屿区。北部喜马拉雅山区气候严寒，地形险要，喜马拉雅山一方面阻挡了冬季由亚洲大陆吹来的寒风，使得印度免受寒流的侵袭，另一方面又阻挡了夏季由印度洋上吹来的季风，使印度中部恒河平原和喜马拉雅山南坡可以得到充足的雨水；中部平原是由印度河、恒河和布拉马普特河三大水系的盆地组成，地势平坦，气候温和，土地肥沃，雨量充足，是印度主要农作物区和经济最发达的地区，也是世界上人口最稠密的地区；西部的拉贾斯坦邦与巴基斯坦信德省交界一带为沙漠地带，人烟稀少；南部高原地区即德干高原，也称半岛高原，与中部平原区之间有一条高 460 m ～ 1200 m 的文迪亚山脉相隔。印度国土辽阔，南部属热带季风气候，北部为温带气候，3 月—5 月为夏季，平均温度为 40 ℃；6 月—9 月为雨季，受季风的影响，气候凉爽舒适。截至 2020 年 9 月，印度人口为 13.54 亿，数量居世界第二。

6. 阿拉伯高原

阿拉伯高原位于阿拉伯半岛，地跨沙特阿拉伯、也门、约旦、叙利亚与伊拉克等国，是古老的平坦台地式高原。阿拉伯半岛面积 320 多万 km²，海拔 1200 m ～ 2500 m，地势自西南向东北倾斜。除西南端海拔 2700 m ～ 3200 m 的也门高地外，仅在西南和东南部有小部分山地。阿拉伯高原与阿拉伯半岛东部平原和两河流域（幼发拉底河、底格里斯河）相连，南界为亚丁湾北侧山地，北界为叙利亚的中央高地，其核心部分为沙特阿拉伯的内志高原，地形大致平坦，气候干旱，只西北部有极少数短小常年河流。西南部高地称希贾兹山脉，海拔 2500 m 以上，阿拉伯高原的最高峰哈杜尔舒艾卜峰高达 3760 m。阿拉伯高原属亚热带地中海式气候。

（三）非洲

非洲被称为高原大陆，除了刚果盆地之外，其余部分几乎均分布有高原，主要包括埃塞俄比亚高原、南非高原、东非高原等。

1. 埃塞俄比亚高原

埃塞俄比亚高原位于东非埃塞俄比亚境内，又叫阿比西尼亚高原，平均海拔 2500 m ～ 3000 m，为非洲地势最高处，有非洲"屋脊"之称，面积约 80 多万 km²，约占埃塞俄比亚面积的 2/3。由于纬度跨度和海拔高度差距较大，埃塞俄比亚虽地处热带，但是各地温度冷热不均。每年 6 月—9 月为大雨季，10 月—次年 1 月为旱季，2 月—5 月为小雨季。由于不同季节和地区降雨不均，易出现局部干旱。埃塞俄比亚是非洲第二大人口国，人口总数约为 1.06 亿，全国 2/3 的人口和耕地以及城市都集中在高原地区。首都亚的斯亚贝巴位于全国中心，面积近 540 km²，平均海拔 2450 m，气温范围为 9.7 ℃~25.5 ℃，年平均温度为 16 ℃，人口逾 400 万。埃塞俄比亚经济以农牧业为主。

2. 南非高原

南非高原位于刚果盆地南缘和赞比西河以南，非洲大陆最南端，平均海拔约 1000 m，面积约 460 万 km²，是非洲最大的高原。南非高原地区包括赞比亚、安哥拉、津巴布韦、马拉维、莫桑比克、博茨瓦纳、纳米比亚、南非、斯威士兰、莱索托、马达加斯加、科摩罗、毛里求斯等国。南非高原中部是海拔 1000 m 左右的卡拉哈里内陆盆地，四周隆起为高原和山地。莱索托东北边境上的卡斯金峰，海拔 3657 m，是南非高原的最高点。南非高原大部分为半干旱区，西北部为卡拉哈里沙漠，也有小面积的湿润区。

3. 东非高原

东非高原面积约 100 万 km²，平均海拔 1200 m 左右，包括肯尼亚、乌干达、坦桑尼亚、卢旺达和布隆迪等国的领土。东非高原是非洲湖泊最集中的地区，有非洲最大的湖泊维多利亚湖和其他大大小小的湖泊。因而，东非高原有"湖泊高原"之称。东非高原属热带草原气候，农业较发达。

（四）美洲

美洲分布着墨西哥高原、巴西高原、圭亚那高原、玻利维亚高原、厄瓜多尔高原、科罗拉多等高原。

1. 墨西哥高原

墨西哥高原位于北美大陆南部墨西哥境内，高原地势由北向南逐渐抬升，大致以北纬 22° 为界分成南北两部。北部高原海拔约 1000 m，内有许多被山岭隔开的内陆沉积盆地，地势平坦，故又称"北部盆地"，气候温热干燥；南部称"中央高原"，地势高峻，平均海拔 2000 m～2500 m，多宽广平坦的山间谷地和火山锥，土壤肥沃，气候温和，年降水量 700 mm～1000 mm，是墨西哥主要农业区。墨西哥地形主要为山地和高原，被称为"高原之国"，气候复杂多样，垂直气候特点明显，高原大部分地区气候比较温和，平均气温为 10 ℃～26 ℃，冬无严寒，夏无酷暑，四季万木常青。墨西哥人口约 1.29 亿。首都墨西哥城属于高原地区，海拔 2240 m，面积 1525 km²，人口约 2210 万，5 月平均气温 12 ℃～26 ℃，最冷月为 1 月，平均气温 6 ℃～19 ℃。全国第二大城市瓜达拉哈拉，海拔 1567 m，人口逾 500 万，是西部地区最大的商业、工业、金融和文化中心。

2. 巴西高原

巴西高原位于南美洲东部巴西境内，北邻亚马逊平原，西接安第斯山麓，南与拉普拉塔平原相连，面积 500 多万 km²，地表起伏比较平缓，地势向北和西北倾斜，海拔在 300 m～1500 m 之间，是世界上面积第二大的高原。巴西高原南跨亚热带，接近地球赤道，分布最广的气候是热带草原气候，年平均气温 18 ℃～28 ℃。巴西高原占巴西一半以上的国土，巴西总人口超过 2.1 亿，80% 居住于高原上。巴西高原不仅是巴西的农牧业的重要产地，矿产资源也尤为丰富。首都巴西利亚位于巴西中央高原，海拔 1158 m，气候宜人，全年分为雨季和旱季，年均最高温度为 29.3 ℃，最低温度为 17.1 ℃，年降雨量为 1603 mm。

3. 圭亚那高原

圭亚那高原位于南美洲北部，奥里诺科平原与亚马逊平原之间，是南美洲第二大高原，海拔在 300 m～1500 m 之间，高原的西部和南部较高，向东、北方向缓倾。圭亚那高原包括委内瑞拉南半部和圭亚那、苏里南、法属圭亚那三国（沿海平原除外），以及巴西北部地区的低高原。该地区降水量丰富，无旱季，大多为热带雨林，间有热带大草原（委内瑞拉南部）。

4. 玻利维亚高原

玻利维亚高原平均海拔在 3800 m 以上，大部分海拔在 4000 m 以上，面积 35 万 km²。高原平均宽 140 km，长 180 km。其中，高原在玻利维亚境内的面积为 10.23 万 km²，几乎占其国土面积的 10%。玻利维亚高原北部土地肥沃，为人口聚居区；南部是干燥的沙漠地带，人烟稀少。玻利维亚约 70% 人口居住在高原地带，大多数城市也建在高原上，政府所在地拉巴斯海拔超过 3600 m，是世界上海拔最高的首都。

5. 厄瓜多尔高原

厄瓜多尔高原位于安第斯山脉北部，在厄瓜多尔境内，赤道附近。厄瓜多尔高原平均海拔为 3000 m，面积为 15 万 km²，高度仅次于青藏高原、帕米尔高原、玻利维亚高原，居世界第四。厄瓜多尔高原 5000 m 以上山峰共 20 余座，海拔 4000 m 以上山峰终年积雪。海拔低的山区属亚热带森林气候，盆地为热带草原气候，平均气温为 23 ℃ ~ 25 ℃，年降水量为 1000 mm 左右。厄瓜多尔高原是厄瓜多尔农作物的重要产地，也是主要的畜牧业区。厄瓜多尔首都基多位于赤道线以南皮钦查火山南麓的峡谷地带，距赤道线 24 km，是世界上最接近赤道的首都，海拔 2852 m，年平均气温 13.5 ℃，四季如春，是世界上全年温差最小的地点之一。

6. 科罗拉多和哥伦比亚高原

此外，在北美洲还分布着科罗拉多、哥伦比亚等高原。科罗拉多高原位于美国西南部，面积 30 多万 km²，地势高峻，海拔 2000 m ~ 3000 m。科罗拉多高原东起科罗拉多州和新墨西哥州的西部，西迄内华达州的南部，科罗拉多河贯穿整个高原，零星分布有熔岩丘陵和火山。受科罗拉多河及其支流的冲蚀，分布多条深邃峡谷，以科罗拉多大峡谷最著名。科罗拉多高原气候干旱，年降水量 250 mm ~ 500 mm。哥伦比亚高原是位于美国西北部的熔岩高原，介于北落基山脉与喀斯喀特山脉之间，哥伦比亚河中游地区，海拔 500 m ~ 1500 m。表层广布的熔岩层最厚处厚度可达 1500 m。地表起伏不平，有平原、盆地、丘陵、小高原和山地，河流多深切峡谷，气候干燥。

（五）其他地区

大洋洲主要的高原位于澳大利亚的西部地区。欧洲是世界上平均海拔最低的大洲，地形以平原为主，山地所占面积不大，高山更少，海拔2000 m以上的高山仅占全洲总面积的2%。南极洲几乎被厚厚的冰川覆盖，平均海拔超过2000 m，是世界上平均海拔最高的大洲，也是世界上高原地形占比最高的大洲，不过人口稀少。

二、高温高湿环境概况

（一）分布概况

所谓高温高湿是一个相对概念，例如热带雨林形成的必要条件即高温高湿，年平均气温达到25 ℃以上，年降雨量达到1800 mm以上，相对湿度在95%以上。

全球高温高湿环境主要集中于南、北纬10°之间，及南、北纬10°至南北回归线之间。主要有热带雨林气候区、热带季风气候区、热带草原气候区及亚热带季风气候区等。受赤道低气压带、气压带和风带的南北移动等的控制，该部分地区常年高温，降水丰沛。其中，位于热带的地区和国家包括：南亚的孟加拉国、印度、马尔代夫、斯里兰卡等；东南亚的文莱、柬埔寨、中国（广东、海南、广西、香港、澳门）、印尼、老挝、马来西亚、缅甸、菲律宾、新加坡、泰国、东帝汶、越南等；大洋洲的澳大利亚、斐济等；加勒比海地区的安提瓜和巴布达、巴巴多斯、古巴、多米尼加、牙买加等；中美洲的萨尔瓦多、危地马拉、洪都拉斯、墨西哥、尼加拉瓜、巴拿马等；南美的玻利维亚、巴西、哥伦比亚、厄瓜多尔、圭亚那、秘鲁等；中部和南部非洲的安哥拉、贝宁、博茨瓦纳、布隆迪、乌干达、纳米比亚、尼日利亚等；北非和中东的吉布提、苏丹等。

（二）人口概况

截至 2020 年，热带地区居住人口约为 33 亿，几乎占全球人口（75.85 亿）的 43.51%。并且该数据处于持续增长状态（见图 1-2），预计到 2050 年热带地区人口将达到 60.61 亿，超过世界人口的半数。图 1-2 中给出的数据为相关研究预测的 2050 年主要热带地区人口数量。

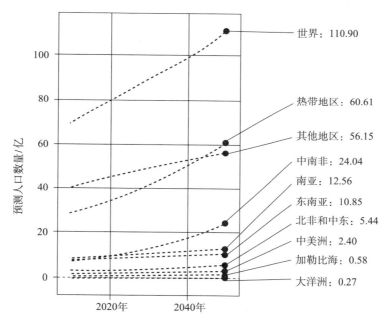

图 1-2　世界主要热带地区人口分布预测（2050 年）

位于南亚次大陆北部的恒河平原（分属印度和孟加拉国）属热带季风气候，全年炎热，每年 6 月—10 月在西南季风的控制下降水丰沛。该地区人口约有 7.16 亿（2018 年），人口密度 961.3 人/km²，是世界上人口密度最大的地区之一。

越南位于东南亚中南半岛东部，北与我国广西、云南接壤，西与老挝、柬埔寨交界；东面和南面临海，国土面积 32.9 万 km²，地形狭长，呈 S 形。越南地势西高东低，境内 3/4 面积为山地和高原，属热带季风气候，高温多雨，年平均气温 24 ℃ 左右，年降雨量 1500 mm~2000 mm，年平均相对湿度达到 84%。由于纬度以及地形地貌的差异，各地的气候也存在差异。夏季季风发生在从 5 月到 10 月，将潮湿的空气从西南方印度洋上吹向内陆，带来丰沛的降雨，近 90% 的降水发生在夏季。与雨季或夏季相比，冬季或旱季（当年 11 月至次年 4 月），大部分地区较为干燥。越南人口超过 9000 万。其中，人口密度最大的是红河平原，平均每平方千米 1217 人。

泰国位于东南亚中南半岛的中心，东临柬埔寨，东北与老挝交界，西和西北与缅甸为邻，南与马来西亚毗连，西南濒印度洋的安达曼海，东南邻太平洋最西端的泰国湾。地势北高南低，自西北向东南倾斜，地形主要由山地、高原和平原构成。泰国大部分地区属热带季风气候，全年分为热、雨、旱三季。泰国终年炎热，全年温差不大，可谓"四季如夏"，常年温度不低于 18 ℃，最冷月一般在 18 ℃ 以上，由于该地区北部高大山地和高原阻挡冷空气南侵，使得冬季气温相对较高，年平均气温一般为 27 ℃ 左右，平均年降水量约 1000 mm。截至目前泰国国土面积约 51.3 万 km²，位居东南亚第三，人口超过 6800 万。

第二章
家用电器的安全风险及控制

| 第一节 |
家用电器主要安全风险

随着我国经济社会的发展和人民生活水平的不断提升，家用电器已经成为居民家庭生活不可或缺的消费品之一。家用电器在给人们生活带来便利的同时，也可能会带来某些安全风险和安全隐患。

家用电器的潜在安全风险主要包括如下几个方面：触电、热、着火、机械伤害、辐射、化学危险等，其中以触电和着火问题最为突出。

一、触电危险

触电危险是指人体直接或间接接触到家用电器的带电部件时，可能受到电击伤害。人体是一个导体，当人体接触电器的带电部分并形成电流通路时，就会有电流流过人体，对人体造成伤害，甚至会致人死亡。人体触电主要有两种情况：人体直接接触电器的带电部件，或触及因绝缘损坏而带电的金属外壳或金属表面。

触电是家电安全事故中最常见且危害最严重的事故。触电对人体的伤害程度主要取决于流经人体的电流大小、电流通过人体的持续时间、人体阻抗、电流路径、电流种类、电源频率以及触电者的生理特性等多种因素。

电流通过人体内部时，人的机体组织受到电流刺激，可引起肌肉不由自主地发生痉挛性收缩而造成伤害，严重时可破坏人的心脏、神经系统、肺部的正常工作，导致死亡，其中，心室纤维颤动是电击致死的主要原因。

我国家用电器一般采用 220 V、50 Hz 的交流电作为电源，这是一种非安全电源。一旦人体接触的电流超过 90 mA，3 s 后心脏开始麻痹，继而停止跳动。

因此，防触电是家电产品安全设计的最重要考量，要求产品在结构上应保证用户无论在正常工作条件下，还是在可预期的非正常条件下使用产品，均不应发生触电事故。

二、热危险

热危险是指家用电器使用中电气部件的发热，使得某些临近部位温度达到过高状态，可能导致人体表面被灼伤，或导致某些部件及绝缘材料老化、变形、开裂、失效，造成短路、电击等事故。

造成过热的原因很多，产品设计缺陷、不正常使用造成的散热不足或散热过度都可能导致过热发生。例如，电磁炉的散热风扇如果风量较低，可能因散热能力不足导致器具内部部件过热；电烤箱采用金属把手却没有设计隔热措施，可能因导热而使得把手的温度过高造成烫伤事故；暖风机使用时，进风口附近有物体阻隔，进风阻力变大而导致发热元件散热不足。

有些家用电器本身具有电加热功能，如电熨斗、电热毯、室内电加热器、电烤箱、电饭锅、电磁炉等，这类电器依赖电热元件实现产品特定功能，并在工作时产生高温。使用者在使用不当时，极易产生危险，除典型的灼伤、烫伤外，还可能引发火灾。

防止过热是确保电器安全工作和使用的基本要求。家用电器各部位应具备足够的耐热性能，能承受所达到的温度，并在使用时，还要满足对人体烫伤的防护和限值要求。

三、着火危险

着火危险是指家用电器的某一部位或周围物品达到劣化甚至起燃温度，并可能发生燃烧导致火灾事故。家用电器存在设计缺陷、发生故障或者使用不当，都可能造成火灾。许多家用电器在使用过程中都伴随高温，如电饭锅、电磁炉等电器在使用过程中，如果发生故障后仍持续加热，就会造成干烧，使得局部可能自燃，从而引发火灾。此外，有调查数据显示，很多因电器发生火灾事件的家庭在使用家用电器时存在操作步骤错误或使用方法不当的情况，例如使用电暖器时，因产品与周围物品没有保持足够的安全距离，或者在电暖器上覆盖易燃物品，而引发火灾。

另外，电器的长时间使用，也容易造成局部线路和内部部件劣变的情况。电磁炉、微波炉等家用电器使用时间过长都会出现外部高温，容易导致电器局部突然自燃。如果不能及时控制火情，火势将会延伸从而引起住宅火灾，对居民的生命和财产造成不可估量的损失。家用电器中元器件和原材料的构成都比较复杂，有些器件在使用时内部部件一旦发生短路，就会造成产热量增大，继而发生燃烧甚至爆炸事件，造成使用者的人身和财产安全事故。

防止电器着火危险，一方面，要求产品的设计在正常使用甚至发生可预期的故障和不正确使用时，也应具备足够的温度控制或保护能力；另一方面，对于可能遇到或靠近高温部件和火源的材料，应具备一定的阻燃能力。

四、机械危险

机械危险是指家用电器的部件（不仅包括运动的也包括静止的）直接与人体接触引起的夹击、碰撞、绊倒、挤压、缠绕、切割等形式的伤害。如风扇机头转动造成的夹伤，搅拌机刀片旋转造成的割伤，吸油烟机栅格锐边造成的划伤等。机械伤害的等级通常不如电气伤害严重，但也不应忽视。家用电器的机械伤害大致可分为静态和动态两类。

静态的机械伤害主要涉及：一是由于产品稳定性不足可能产生的诸如倾倒等一系列危险；二是由于产品从高处跌落导致的危险，如吊扇从固定设施上脱落，电热水器、分体式空调器等的悬挂装置，经过长时间负重使用有可能因磨损、锈蚀、腐烂而产生断裂，造成电器跌落的危险；三是由结构锐边、尖角等边缘和凸出部分导致的危险。

动态的机械伤害主要涉及运动部件带来的危险。如风机叶轮可能对人造成伤害；洗衣机在甩干时门自锁失灵，旋转的内筒有可能造成人体伤害；电风扇的防护网罩缝隙过大，转动的扇叶可能造成的人体手指的伤害；另外，承压部件由于压力、温度超出预期的范围而导致结构件破损，甚至结构件碎片飞出而造成人员伤害和财产损失，以及其他类似的机械运动部件造成的意外伤害等。值得注意的是，这类伤害对儿童、老年人等特殊人群更应引起重视。

防止机械危险的发生，要求家用电器产品对可能造成机械伤害的部件应配备适当的安全防护装置或者防止器具意外翻倒或运动，避免人体与之接触。

五、辐射危险

辐射危险是指以粒子或者波的形式进行能量传递导致的危险。辐射危险通常可分为两类：一类是电离辐射（粒子辐射、X 射线、γ 射线等）产生的危险，电离辐射是能使原子或分子发生电离的辐射，会导致人体组织的功能性变化。另一类是非电离辐射（紫外线、可见光、红外线、微波、无线电波等）产生的危险。家用电器产品中涉及的辐射类型，通常属于非电离辐射。

家用电器、电子设备在使用过程中都会不同程度地产生不同频率和波长的电磁波，进而产生电磁干扰和电磁污染。不仅对周围环境设备的正常工作产生影响，还会影响人体健康。另外，有些家用电器，比如微波炉以及具有紫外杀菌功能的产品，使用中微波或紫外线可能会因泄露而发生辐射超标等安全问题。

防止辐射危险，主要是限制辐射的泄漏以及泄漏的能量水平。

六、化学危险

化学危险是指家用电器制造中使用的塑料、金属、橡胶、油漆、涂层、制冷剂、油脂类等材料中，如果含有有毒有害物质，则可通过摄入、皮肤接触、吸入等方式给人体健康带来伤害，而且还可能在产品废弃或回收处理过程中对环境造成污染。

例如有些电饭锅、电水壶等与食物和水接触的器具，高温工作过程中可能会溶出砷、铬、铅等重金属以及初级芳香胺、双酚 A 等高风险化学物质，迁移至食品和水中而被人体摄入。此外，一些器具因工作中温升较高，使化学物质发生挥发和气化，可通过呼吸系统进入人体。还有些化学物质，可通过接触皮肤而给人体带来损伤。处于生命周期末端的废弃家电产品，其有毒有害物质可能会进入土壤和水中，给人和动植物带来危害。

为控制和减少电器电子产品废弃后对环境造成的污染，欧盟发布了《废旧电子电气设备指令》（简称 WEEE 指令）和《电子电气设备中限制使用某些有害物质指令》（简称 RoHS 指令），我国也出台了《电器电子产品有害物质限制使用管理办法》及其配套措施，对电子电器中的铅、汞、镉、六价铬、多溴联苯（PBB）、多溴二苯醚（PBDE）等物质含量进行严格的管控。

七、其他危险

除了前述风险之外，在家用电器的使用过程中，还可能给使用者带来声、光、生物等健康方面的损害和风险。具体影响机理和损害程度有待进一步研究。

| 第二节 |
影响家用电器使用安全的主要因素

一、概述

GB 4706.1《家用和类似用途电器的安全　第 1 部分：通用要求》国家标准的适用范围包括三个要素：

一是适用的器具范围：单相器具额定电压不超过 250 V，其他器具（如三相器具，也包括直流供电的器具和电池驱动的器具）额定电压不超过 480 V；

二是器具的使用环境范围：家庭和类似场合（如：商店、农场、轻工行业等）；

三是器具的使用人员范围：非专业的人员。

由此可见，GB 4706.1 标准对家用电器的使用安全是通过器具（家用电器）、使用环境（家庭和类似场合）、使用者（非专业的人员）3 个要素来界定其考虑的安全范围，家用电器使用安全的实现是对上述要素细化明确后，三者之间相互匹配、共同作用的结果。

GB 4706.1 中，"器具"要素明确规定为处于限定的额定电压范围内的家用和类似用途电器；"使用环境"要素明确规定为家庭和类似场合，但未详细明确"家庭和类似场合"所处的地理气候条件，并未考虑诸如高海拔等特殊情况；"使用者"要素则是在住宅和类似场所周围环境中所有的人（通常是非专业的人员）。虽然器具本身的质量与家用电器的使用安全有关，但复杂的"使用环境"以及"使用者"的行为也是引发产品故障、失效和安全事故的重要因素，这些因素既能以单独作用的形式出现，也可以综合作用的方式出现。

依据上述 3 个要素，分析归纳家电安全事故的主要影响因素如

图2-1所示。

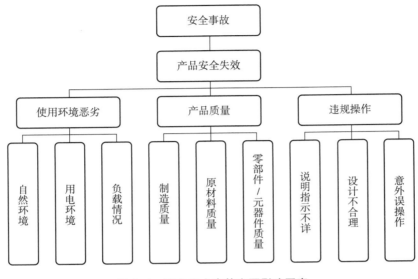

图2-1　家电安全事故主要影响因素

二、主要影响因素分析

（一）产品质量

家电产品质量与产品的设计，材料、零部件的选取，加工制造，检验检测、安装、维护和维修等方面有关，这些方面如果存在不足或缺陷都会引发质量问题。保证产品质量的首要前提是应符合产品标准的要求。通过对家用电器发生着火、触电伤人的案例分析发现，大多数是家电制造商没有按照国家或行业标准的要求设计、生产家电产品而造成的。例如：国家标准明确规定电熨斗产品不允许使用聚氯乙烯绝缘线，但是市场上部分产品违规使用情况依旧存在；有些家电产品的结构设计不符合国家标准要求，对带电或过热部件及非正常工作的情况缺乏有效和必要的防护，导致产品在使用或维护过程中发生安全事故；还有产品在生产加工过程中，质量控制不严，选用的元器件和内部绝缘材料不耐热、不阻燃，造成产品存在触电危险或火灾隐患。

（二）使用环境

使用环境也是影响家用电器使用安全的一个重要影响因素。通常，家用电器的使用环境主要涉及地理气候环境、用电环境及负载形式等。地理气候环境主要涉及压力（气压、水压等）、温度、湿度、降水、辐射等；用电环境主要涉及电压、电流、频率等供电电源参数及接地保护条件等。其中，用电环境异常等造成的事故，在我国农村及偏远地区容易发生；高原、沿海及高温高湿等使用环境相对恶劣的地区，也是家电事故多发地区。负载形式主要指器具工作时需要处理的对象，如洗衣机的负载形式是指洗涤的衣物，通过衣物的重量，即洗衣机容量来体现其负载形式的大小。如果洗衣机长期超过额定负载运转，电机寿命会受到影响，同时也会引起机械危险。

与 IEC 国际标准的发源地欧洲相比较而言，世界各地的气候环境条件都存在一定差异，例如，亚洲、非洲和美洲都存在不少高海拔地区。特别是我国的气候环境条件与欧洲的差异更大，高海拔环境、高温高湿环境、接地异常等复杂使用环境在我国比较常见，在欧洲则由于较为罕见常常被忽略，而目前我国家电安全标准基本上等同采用 IEC 国际标准，这就给在上述复杂使用环境下家用电器的安全使用带来了潜在的风险和隐患。以接地异常为例，据中国消费者协会的相关报道，近些年有关消费者在家中使用电热水器时发生触电身亡的事故，多非电热水器的产品质量问题，真正的元凶竟是"用电环境"——接地异常所导致。

（三）消费者使用行为

家用电器作为由普通使用者操作的产品，其安全性与使用者的行为、方式和习惯密切相关。尽管现行家用电器安全标准中已考虑了使用过程中可能出现的各种共性非正常情况和误操作引起的安全风险，并在标准中给予了规范。但由于不同使用者在年龄、身体等生理和心理方面存在的多样性和潜在的不可预知性，由消费者使用不当导致的家电安全事故仍多有发生。有资料表明，因消费者操作不当而产生的安全事故，约占电器安全事故的三分之一。

传统的国内外家用电器安全标准基本上把使用范围定义为具有正常行为和认知能力的消费者。由于老年化带来的视觉、听觉、触觉等感官及行为、力量等的损伤和降低，老年人使用电器时更易发生危险。例如老年化引起的视觉损伤，会影响对视觉对象的形态及空间位置的感知程度和准确性，引起无法看清具有自动行走功能吸尘器的移动，造成意外磕碰或绊倒受伤。儿童虽然不一定是家用电器的使用者，但随着家用电器普及率的不断上升，儿童日益暴露在家用电器的使用环境中，易于触及产品而发生危险，在新近发布的 IEC 60335-1 中特别增加了 18 号儿童试验探针。这类人群使用家用电器也是世界各国普遍存在的实际情况。随着家用电器越来越普及和特殊人群数量的增长，尤其是全球性的老年化趋势的加剧，使特殊人群易成为家电安全事故的高发人群。此外，产品超期服役也是造成家电安全事故发生的一个重要原因，近年因使用"超龄"家电导致的安全事故越来越多。超期使用家用电器会增加漏电、闪络、起火燃烧，甚至爆炸或其他危险。

| 第三节 |
家用电器安全风险控制分析

一、概述

安全是"免除了不可接受的风险的状态"。它是个相对的概念。实现产品安全是个系统性工作，需要采取综合性措施。首先，要建立产品质量管理体系，明确产品安全要求；其次，在产品安全管理中，建立"产品全生命周期"的理念和意识，即产品安全要贯穿于产品设计、生产、运输、存储、使用、维护维修、回收利用等生命周期的各个阶段。

安全的产品是在其生命周期内以正常的和合理预见的方式使用、安装和维护，不会产生风险或产生的风险最小。制造商必须明确产品安全要求，辨识出产品生命周期各个阶段可能存在的所有危险，并努力消除这些危险，减轻残余风险，确保产品使用安全。在减少风险的过程中，必须考虑法律法规和标准要求、客户要求、市场要求以及企业发展的需求。面对产品安全风险，制造商关注的核心应该是产品设计、制造和危险警示，这些问题在设计阶段就应考虑并加以解决。

针对家用电器使用中存在的诸多安全隐患，为切实保障使用者的安全，做好安全风险防范最为重要。下述主要从产品安全设计、安全安装、安全使用等几个方面予以说明。

二、安全设计

（一）基本原则

同其他机械电气产品一样，家用电器进行安全设计，降低风险遵循的优先序为：本质安全设计；安全防护及补充保护措施；提供使用信息。

1. 本质安全设计

本质安全的理念产生于二次世界大战之后。自 20 世纪中叶以来成为工业发达国家的主流安全理念。一般意义上的本质安全，是指从根源上减少或消除危险，而不是通过附加的安全防护措施来控制危险。本质安全设计指通过适当选择器具的设计特性，来降低使用时的危险，设计措施主要涉及：

——选取更安全的材料;

——几何因素及结构设计;

——可靠性部件的选取;

——减少能量;

——遵循人类工效学;

——选用适用的专门技术防止和减少危险等。

2. 安全防护及补充保护措施

如果无法通过固有设计消除危险或降低风险,则应使用防护装置和保护装置来保护人员。设计措施主要涉及:

——用于防止危险部件(区域)的固定挡板、护栏、防护罩;

——防止进入危险区的连锁防护等。

当设计和安全防护措施不能达到降低风险的要求时,可采用补充保护措施降低风险。主要有:

——紧急停止;

——用于受困人员逃逸、援救和呼叫的措施;

——用于隔离和消散能量的措施(例如闭锁装置,防止移动的挡块等)。

3. 提供使用信息

无法通过改进设计提升器具安全水平时,应提供详细的附加使用说明及警示信息,告知使用者有关设计和安全防护降低风险后的残留的风险。使用信息包括:

——标示在器具上的信息,包括警告标志、安全使用标志和参数、听觉或视觉信息及其他警告装置;

——随器具提供的文件,主要包括使用说明书。

（二）电击危险及其防护

1. 危险的产生

电流流经人体时，不同的电流会引起人体不同的生理反应。人体对于电流的反应阈值分为感知阈、反应阈、摆脱阈和心室纤维性颤动阈：

——感知阈是通过人体能引起任何感觉的接触电流的最小值；

——反应阈为能引起肌肉不自觉收缩的接触电流的最小值；

——摆脱阈为人手握电极能自行摆脱电极时接触电流的最大值；

——心室纤维性颤动阈是通过人体能引起心室纤维性颤动的接触电流最小值。

感知阈和反应阈取决于与电极接触的人体的面积（接触面积）、接触的状况（干燥、潮湿、压力、温度），此外，还取决于个人的生理特性。对于 15 Hz 至 100 Hz 范围内的正弦交流电流，与时间无关的反应阈为 0.5 mA；直流电时约为 2 mA。

摆脱阈取决于若干参数，如接触面积、电极的形状和尺寸，还取决于个人的生理特性，交流电适用于成年男人的摆脱阈约为 10 mA，5 mA 的数值适用于所有人；直流电没有确切的摆脱阈，只有在电流接通和断开时，才会引起肌肉疼痛和痉挛状收缩。

心室纤维性颤动阈取决于生理参数（人体结构、心脏功能状态等）以及电气参数（电流的持续时间和路径、电流的特性等）。对于正弦波交流（50 Hz 或 60 Hz），当电击的持续时间小于 0.1 s，电流大于 500 mA 时，纤维性颤动就有可能发生。对于这样的强度而持续时间又超过一个心搏周期的电击，有可能导致可逆性的心跳停止。电击时间长于一个心搏周期时，直流的纤维性颤动阈比交流要高好几倍。当电击时间短于 200 ms 时，其纤维性颤动阈和交流以方均根的阈值大致相同。

频率范围为 15 Hz 至 100 Hz 的正弦交流电流通过人体时的效应如图 2-2所示。

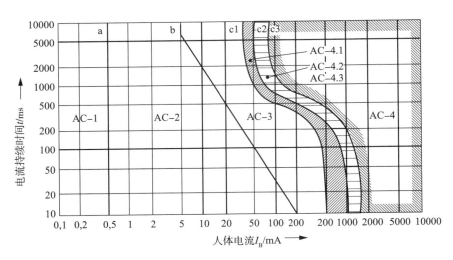

图2-2　电流路径为左手到双脚的交流电流（15 Hz~100 Hz）
对人效应的约定的时间/电流区域（说明见表2-1）

表2-1　一手到双脚的通路，交流15 Hz~100 Hz的时间/电流区域
（图2-2区域的简要说明）

区域名称	区域范围	生理效应
AC-1	0.5 mA 的曲线 a 的左侧	有感知的可能性，但通常没有被"吓一跳"的反应
AC-2	曲线 a 至曲线 b	可能有感知和不自主的肌肉收缩，但通常没有有害的电生理学效应
AC-3	曲线 b 至曲线 c	强烈、不自主的肌肉收缩，呼吸困难，可逆性的心脏功能障碍，活动抑制可能出现。随着电流强度增加而效应加剧，通常没有预期的器官破坏
AC-4	曲线 c1 以上	可能发生病理——生理学效应，如心搏停止、呼吸停止以及烧伤或其他细胞的破坏。心室纤维性颤动的概率随着电流的幅度和时间增加
	c1—c2	AC—4.1 心室纤维性颤动的概率增到大约5%
	c2—c3	AC—4.2 心室纤维性颤动的概率增到大约50%
	曲线 C3 的右侧	AC—4.3 心室纤维性颤动的概率超过50%
注：电流的持续时间在200 ms以下，如果相关的阈被超过，心室纤维性颤动只有在易损期内才能被激发。关于心室纤维性颤动，本图与在从左手到双脚的路径中流通的电流效应相关。对其他电流路径，应考虑心脏电流系数。		

心脏电流系数可用以计算通过除左手到双脚的电流通路以外的电流 I_h，此电流与图 2-2 中的左手到双脚的 I_{ref} 具有同样心室纤维性颤动的危险。

$$I_h = \frac{I_{ref}}{F}$$

式中：

I_{ref}——图 2-2 中的路径为左手到双脚的人体电流；

I_h——表 2-2 中各路径的人体电流；

F——表 2-2 中的心脏电流系数。

注：心脏电流系数被认为只是作为各种电流路径心室纤维性颤动相对危险的大致估算。

不同电流路径的心脏电流系数列于表 2-2。

表 2-2　不同电流路径的心脏电流系数 F

电流路径	心脏电流系数
左手到右脚、右脚或双脚	1.0
双手到双脚	1.0
左手到右手	0.4
右手到左手、右脚或双脚	0.8
背脊到右手	0.3
背脊到左手	0.7
胸膛到右手	1.3
胸膛到左手	1.5
臂部到左手、右手或到双手	0.7
左脚到右脚	0.04

例如：从手到手的 225 mA 的电流与从左手到双脚的 90 mA 的电流，具有产生心室纤维性颤动的相同的可能性。

2. 防护措施

电击防护是减小电击危险的防护措施。电击防护的基本原则是危险带电部件不能被触及，且可能触及的导电部件不是危险的。一般电气设备和装置的电击防护措施的要素有三类：基本防护措施、故障防护措施和加强防护措施。基本防护措施是指无故障条件下的电击防护，主要包括基本绝缘、遮拦或外壳和遮挡物、电压限制等；故障防护措施是指单一故障条件下的电击防护，主要包括附加绝缘、保护等电位联结、保护屏蔽、电源的自动切断等；加强防护措施具有基本防护和故障防护两者的功能，主要包括加强绝缘、回路之间的防护分隔、保护阻抗器等。针对家用电器产品，具体的防护措施主要有：

（1）采用电气分隔的防护

在这种防护措施中，基本防护是由被分隔回路的危险带电部分与外露可导电部分之间的基本绝缘提供，而故障防护是被分隔的回路与其他回路及地之间采用简单的分隔；这里，不允许有意地将外露可导电部分与保护导体或接地导体连接。

（2）采用非导电环境的防护

非导电环境是指当人触及变成了危险带电的外露可导电部分时，依靠环境（如绝缘的墙或绝缘地板）的高阻抗和不存在接地可导电部分来进行保护的措施。在这种防护措施中，基本防护是由危险的带电部分与外露可导电部分之间的基本绝缘提供的，故障防护是由非导电环境提供的。

（3）采用双重或加强绝缘的防护

在这种防护措施中，基本防护是由危险带电部分的基本绝缘提供，而故障防护是由附加绝缘提供，或基本防护和故障防护都是由危险的带电部分和可触及部分（可触及的可导电部分和绝缘材料的可触及表面）之间的加强绝缘提供的。

（4）采用等电位联结的防护

在这种防护措施中，基本防护是由危险的带电部分与外露可导电部分之间的基本绝缘提供的；而故障防护是由同时可触及的外露和外界可导电部分之间的用于防止危险电压的保护等电位联结系统提供的。

（5）自动切断电源

在这种防护中，基本防护是由危险带电部分与外露可导电部分之间的基本绝缘提供，故障防护是通过自动切断电源实现的。

其特点是在出现异常状况时，通过自动切断带电部件的电源来避免电击事故的发生。对于有些家电产品内部存在储能元件的情况，即使切断电源，产品内部储能元件的放电也有可能对人体造成电击伤害。所以，使用这种防护方式时，需要安装连锁机构。

（6）保护阻抗防护

保护阻抗防护是另一种通过限制流经人体的电流强度来实现电击防护的措施。这种保护阻抗是一种电气元件，可以是符合 IEC 60065 的 14.1a 要求的电阻或符合 IEC 60384-14 的 Y 级电容器。家电产品的保护阻抗应至少由两个单独的元件组成。保护阻抗作为回路中的限流元件，限制流经人体的电流。只要保护阻抗能够将流经人体的电流限制在安全范围内，那么就可以认为保护阻抗也是一种有效的电击防护措施。

（7）安全特低电压

由于人体具有一定的阻抗，只要人体接触到的部件的对地电压或者人体同时接触到的部件之间的电压在一定范围内，流经人体的电流就可以被限制在一定范围内，不会造成电击的危险。安全特低电压指导线之间以及导线与地之间不超过 42 V 的电压，其空载电压不超过 50 V。当安全特低电压从电网获得时，应通过一个安全隔离变压器或一个带分离绕组的转换器，此时安全隔离变压器和转换器的绝缘应符合双重绝缘或加强绝缘的要求。

（三）热危险及其防护

1. 危险的产生

家用电器使用中产生的高温可以灼伤与其接触的人体。皮肤灼伤的发生取决于皮肤表面温度和皮肤暴露在高温环境中的时间，而导致皮肤灼伤的表面温度取决于接触产品表面的材料组成、皮肤与产品表面的接触时间。人体接触发热表面的时间越长，允许的表面温度限值就越低；接触表面材料的导热性能越好，允许的温度限值就越低。

在人与热表面接触时间的选择上，对于无意识接触的偶然事件，应使用最小接触时间 1 s；选择接触时间应因人而异，对于需要采取特殊防护措施的人来说，如果希望延长反应时间，应选择较长的接触时间，最长为15 s，具体见表 2-3。

对于有意识和热表面接触的情况，接触时间不短于 4 s。皮肤和热表面接触时间的估计见表 2-4。

表 2-3　人与热表面接触时间

人群	接触时间/s
成年人	0.5~1
不满 2 周岁的儿童	15
2 周岁以上不满 6 周岁的儿童	4
6 周岁以上不满 14 周岁的儿童	2
老年人	1~4
残疾人	根据其残疾特征确定

表 2-4　皮肤和热表面接触时间的估计

接触时间	接触热表面举例	
	无意识的	有意识的
1 s	接触热表面并很快排除接之而来的痛觉	
4 s	接触热表面并延长了工作时间	开关动作，按按钮
10 s	迎着热表面跌落而未复原	开关的拖延动作，手轮、阀门等微调
1 min		手轮、阀门等旋转
10 min		使用控制元件（控制器、手柄等）
8 h		连续使用控制元件（控制器、手柄等）

在烧伤阈的确定上，对于皮肤与热表面很短的接触时间（1 s～10 s），可根据接触时间与相应材料的灼伤阈值推算出对应的灼伤阈值；接触时间在 1 min 和超过 1 min 以上适用的灼伤阈值见表 2-5。

表 2-5　更长接触时间情况下的灼伤阈值

材料	接触时间下的灼伤阈值/T_s		
	1 min/℃	10 min/℃	8 h 或更长时间/℃
裸金属材料	51	48	43
涂保护层的金属材料	51	48	43
陶瓷、玻璃和石质材料	56	48	43
塑料材料	60	48	43
木质材料	60	48	43

注：接触时间在本表规定时间之间的灼伤阈值可用内插法推算。

接触时间为 1 min 的裸金属材料的灼伤阈值（51℃）同样适于本表中未规定的其他导热性能良好的材料。

接触时间为 8 h 甚至更长的情况下，所有材料的灼伤阈值均为 43℃，上述数据仅当人体的一小部分（小于人体整个皮肤表面的 10%）或头部的一小部分（小于头部整个皮肤表面的 10%）接触到电气设备的热表面时适用。

如果接触面积不是人体的局部或与电气设备的热表面接触的是面部的关键部位（如鼻孔），即使电气设备的表面温度不超过 43℃，也有可能发生皮肤损伤。

除了上述对人的影响外，家用电器在使用中温度过高，会引燃周围的易燃材料而引起火灾。例如内嵌在橱柜等封闭或半封闭空间内的家用电器，需要考虑家用电器工作时产生的热辐射对周围环境的影响，包括支撑面、墙面等。此外，家用电器工作过程中产生的温度升高，会对元器件的散热产生影响，可加速绝缘材料的老化，降低产品性能，缩短家用电器的使用寿命。

2. 防护措施

家用电器在正常和故障条件下的温升限制是产品安全设计的重要内容之一。IEC 60335—1：2020 第 11 章已给出了家用电器可触及表面、元器件和绝缘材料在使用中的温升限值要求，其中，人体与器具部分表面接触的温升限值如表2-6。制造商应通过采取适当的防护措施，使产品满足已确定的温度极限值要求。

表2-6　IEC 60335-1：2020 中人体接触表面的最大正常温升

部　　　件	温升/K
电动器具的外壳（正常使用中握持的手柄除外）	
——裸露金属	48
——涂覆金属	59
——玻璃或陶瓷材料	65
——厚度超过 0.4 mm 的塑料	74
在正常使用中连续握持的手柄、旋钮、抓手和类似部件的表面（如钎焊用电烙铁）：	
——裸露金属	30
——涂覆金属	34
——陶瓷或玻璃材料制的	40
——厚度超过 0.4 mm 的橡胶或塑料	50
——木制的	50
在正常使用中仅短时握持的手柄、旋钮、抓手和类似部件的表面（如开关）：	
——裸露金属	35
——涂覆金属	39
——陶瓷或玻璃材料制的	45
——厚度超过 0.4 mm 的橡胶或塑料	60
——木制的	65

对本身具有电热功能的家用电器，由于发热是产品的基本功能，因此在设计过热防护措施时，要避免电热元件的发热对周围环境及相邻部件的不利影响。可采取的过热防护措施包括但不限于：安装合适的温度控制元器件。如安装温度保险丝，防止用温控器控制温度的电热器过热。当温升超过限度时，保险丝即会熔化而切断电源。此外，也可以采用双金属式温控器，将其温度控制调整适当，便可防止温度过高与电热器过热；采用在电热元件周围使用隔热挡板，降低其对周围环境和相邻部件的影响；使用耐高温的电热元件连接导线；在电热元件周围避免使用易燃材料或出现易燃材料制成的部件等。

同时，还要对可接触表面和与热功能表面相邻的表面采用适当的防护措施：如选择灼伤阈值高的表面材料和构造，采取隔热措施（如：木质材料、软木材料、纤维保护层），采用防护装置（隔板或挡板），表面构造处理（如：粗加工、使用散热肋板或散热片），增加接触到的产品或产品部件相邻热表面之间的距离等方式进行防护。

除了上述电热功能引起的过热问题，家用电器中使用的非电热功能元器件在使用中也会产生过热的问题。随着近年来电子技术的快速发展，集成电路和大功率半导体器件在家电领域应用越来越多，也带来了高热流问题。导致元器件温度升高的原因是器件在通电工作过程中产生的功率损耗，功率损耗产生的热量导致器件结温和表面温度升高进而影响其电特性，热量散发不及时甚至会使器件损坏。因此热设计在家电领域日益受到重视。热设计常用的散热技术主要有自然散热、强迫风冷等。通常家用电器多数采用自然对流为主要散热方式，即通过增加通风孔、增加散热片表面积的方式提高散热性能。也有采用风扇、热交换器等强制性空气对流和交换的方式提高散热效果。现在有些嵌入式微波炉，采用了独立风道技术替代原有的嵌入框和橱柜开孔排气技术，以此来解决封闭环境下的散热难题。

（四）着火危险及其防护

1. 危险的产生

着火是家用电器另一个最为突出的安全隐患。着火不仅会损坏、烧毁电器设备，还可引燃周围的易燃物而引起火灾。火灾产生的有毒烟气可使人失去或降低逃生的能力，甚至导致人的死亡。据消防救援局发布的2019年全国火灾情况分析，全国2019年接报火灾23.3万起，亡1335人，伤837人，直接财产损失36亿元。城乡居民住宅火灾占火灾总数的44.8%，共造成1045人死亡，占总数的78.3%，远超其他场所死亡人数的总和。住宅火灾中，由电气设备引发的居高不下，已查明原因的火灾中有52%系电气设备引起，尤其是各类家用电器、电动车、电气线路等引发的火灾越来越突出。

相关的火灾原因调查显示，短路、忘记断电、连接松动和接触不良、导线绝缘老化、过载、电热器接触可燃物、电路及开关冒火、打火等，是引起火灾的主要原因。着火不仅与产品的设计、使用的材料有关，也和使用者的使用不当有关。

通常，在高温下家用电器使用的非金属材料的主要性能一般都会有所下降，特别是温度升高到一定程度后，非金属材料与绝缘结构的特性会发生本质的变化。有些非金属材料在高温状态下或温度急骤变化时（即在热的作用下）会熔融或逐渐变软，机械强度急速下降，爬电距离和电气间隙也将产生变化，甚至导致电气强度降低，绝缘电阻下降，严重时可造成短路，引起火灾、触电等事故。在器具内部容易使火焰蔓延的绝缘材料或其他固体可燃材料的零件会由于灼热电线或灼热元件而起燃。在有些故障条件下，例如流过导线的故障电流、元件过载以及接触不良，使得一些元件会达到某一温度而引燃其附近的零件。

2. 防护措施

家用电器着火危险包括潜在性燃料和引燃源（引发燃烧的能量来源），造成起燃的条件有：温升异常、短路，或偶然的电弧。因此，着火危险的防护，应从以下几个方面采取措施：

一是限制易燃、可燃材料的使用，这是最基本的防护措施。可根据各种材料的燃烧特性、引燃的能量和温度条件等选取适用的材料。GB 4706.1—2005 第 29、30 章给出了非金属材料制成的外部零件、支撑带电部件（包括连接）的绝缘材料零件以及提供附加绝缘或加强绝缘的热塑材料零件的耐热、耐燃、耐电痕等技术要求和试验方法。

二是要控制发热、电弧等引起燃烧的能量来源。可以选取减少家电产品自身发热的材料和元器件；采用有效的散热措施；消除或隔离电弧；采取有效的过流保护和过热保护措施。

三是切断或限制引起燃烧的能量的传输途径。如在可燃物和引燃源之间采取增大距离或增加隔热挡板的方式，隔断热量的传输。

（五）机械危险及其防护

1. 危险的产生

机械危险是家用电器使用中较常见的一类危险。机械危险通常是由部件的相对运动而造成意外碰撞或切割等造成的机械伤害。例如风扇扇叶和使用者的手指因为存在高速旋转的相对运动，对手指造成碰伤。壁挂的吸油烟机由于意外松脱从安装位置跌落，对位于低处的使用者造成砸伤。器具的锐利边缘在使用者的手触碰时造成割伤。这类危险，有时会伴生其他危险一同发生，共同对人造成伤害，包括使人遭受伤残、电击，甚至死亡。如意外翻倒的电器，除了可能造成机械伤害，还可能因位置改变以及外壳破损，导致电击、火灾等危险。对于儿童、老年人等在接触和使用家用电器时更为突出。

2. 防护措施

（1）对倾倒、跌落和脱落危险的防护

对于器具稳定性不足带来的危险，可以采用调整重心、调整包括载荷在内的重量分布、采用固定安装等方式来提高产品稳定性；对于高处固定安装（吊扇、浴霸等）或悬挂产品（壁挂式空调）带来的跌落、脱落风险，产品设计时除了考虑机械可靠性问题，还需要考虑是否会对电线的绝缘产生影响而造成潜在的电击危险。

（2）对锐边、尖角和凸出物等危险的防护

对可接近和触及的器具及部件，不应出现可能造成伤害的锐边、尖角、粗糙面、凸出部位。这类危险，除了与几何因素关联外，还与材料的加工处理和选择有关。特别是对金属薄板，其边缘应除去毛刺、折边或倒角，以避免割伤人。还应避免用于固定线路和部件的螺钉尖端伤人。在材料的选取上，应尽量避免由材料带来的机械危险。例如，玻璃是家用电器中常用的材料，易碎的玻璃会带来使用的安全隐患。选择玻璃材料时，不仅要考虑机械强度是否可以承受正常使用中的冲击（如电冰箱中的间隔玻璃），还要考虑玻璃在温度变化时是否会破裂（例如电烤箱的玻璃门）以及破碎后的形状。因此，需要根据产品特性和应用场景，综合考虑材料的性能，如抗老化和抗磨损、硬度（延展性、脆性等）、均匀性等，需要时，对这些材料要做相应的处理。

（3）对于运动部件危险的防护

对于可能会对人造成伤害的运动部件，可根据产品的具体情况，选取适用的防护或保护装置设计（如防护罩或栅栏），避免人接触到运动部件。防护装置和保护装置的设计应适用于预定的使用，并考虑相关的机械危险和其他危险，同时应与器具的工作环境协调，其设计应使其不易被废弃。防护装置和保护装置应结构坚固耐用，不会增加任何附加危险，与危险部件或区域有足够距离，并且对观察工作过程的视野障碍最小。在防护和保护装置的选取上，可根据运动部件的性质，结合风险评估的结果进行选取。

对采用螺钉、螺母、焊接等防护方式的固定式防护装置，应注意保持其位置。通过紧固件（螺钉、螺母）固定的，应考虑加装防松垫圈，不使用工具不能将其移除或打开。对于高速旋转的部件，更要注意固定方式的可靠性，以免在旋转过程中高速旋转部件（包括固定螺钉）脱落而造成危险。

活动式防护装置是不使用工具就能打开的防护装置。打开时尽可能固定在机械或其他结构上（一般通过铰链或导轨），或者是连锁的（必要时带防护锁定）。例如，有的活动式防护装置的一部分是器具的盖、门，则应采用适合的连锁装置。以确保防护罩、盖、门等在打开的情形下，其运动部件驱动电机的电源是断开的，并可根据实际需要安装刹车装置，使运动部件在最短的时间内停止。

（4）对意外启动危险的防护

家用电器非预期的意外启动，也是一类应给予关注的机械风险，尤其对于突发事件处理能力和危险逃脱能力低的儿童等特殊人群，这类危险可能造成的伤害更为严重。2013 年，江西南昌新建县樵舍镇一对年幼的姐妹在家玩耍时，爬进洗衣机。洗衣机启动按键为手触启动，在洗衣机通电的状态下，误触洗衣机启动按键并且误使洗衣机门盖落下，导致洗衣机运行，幼儿在洗衣机滚桶内高速旋转作用下致胸廓运动和心肺功能障碍而死亡。

因此，家用电器设计中要高度重视针对意外启动的安全防护，尤其是对特殊人群的防护。在设计时，如果断开和能量释放装置不适宜意外启动时，则可采取措施预防启动指令偶然触发。如对于依靠机电式控制部件或分立式电子电气装置操控的器具，可设置结构性锁闭装置，通过采用儿童不易打开的罩盖或双重动作才可开启的门锁，防止意外操作导致的各种危险；对于依靠电子程序控制的器具，可通过设置密码或其他措施，锁定器具上或遥控器上的控制键，避免意外操控器具。此外，也可采取预防偶然启动指令导致意外启动的措施。由于保持停机指令是从不同级别控制机构分别或联合传入到执行机构，这些停机指令既可由停机控制装置产生，也可由安全保护装置产生，因此可用机械断开或运动部件锁定的方式代替或同时附加保持停机的指令。

（六）辐射危险及其防护

1. 危险的产生

辐射危险是家用电器使用中较常见的一类危险。辐射危险受其辐射类型和暴露情况的不同而可能造成不同程度的危害。

电场和磁场产生于有电流流过的地方。暴露指任何时间任何空间人体受到电场、磁场或电磁场影响，或接触到人体生理过程和其他自然现象之外产生的电流。不同频率电子电器产品的电场、磁场和电磁场产生的影响主要有：频率范围为 9 kHz ~ 300 GHz 的无线电频率（RF）电磁场的发射（EMI）对人体和电器电子设备的影响和干扰，以及频率范围为 0 GHz ~

300 GHz的极低频（ELF）电场、磁场和电磁场（EMF）对人体健康的影响。人体暴露在磁场、电场和电磁场中的影响，危害程度主要取决于电磁源的频率和能量大小。通常极高频的电磁波，形成离子辐射会对人体产生健康危害。而无线电频率范围电磁发射属于非离子辐射，对人体产生生物效应和影响（如发热效应和体内感应电流）。

世界卫生组织（WHO）对暴露于 0～100 kHz 频率范围的极低频（ELF）电场和磁场（EMF）可能存在的健康风险的评估结论认为：对于公众遇到的极低频电场水平，不存在实际健康问题。短期的影响是：对于高水平磁场暴露（显著超过 100 μT）产生的生物效应，已经是确定的，由公认的生物物理机制予以解释。外部极低频磁场在人体内感应出电场和电流，当场强非常高时，会导致神经和肌肉的刺激，并引起中枢神经系统中神经细胞兴奋性的变化。潜在的长期影响：在住所中工频磁场平均暴露超过 0.3 μT~0.4 μT 与儿童期白血病患病率两倍增长之间，显示了一致的关联。对于其他儿童癌症、成人癌症、抑郁症、自杀、心血管紊乱、不育、发育障碍、免疫系统变异、神经生物影响和神经退变性疾病，支持低频磁场暴露和健康关系的科学证据，都比儿童期白血病弱得多。

2. 防护措施

（1）对电场、磁场和电磁场的防护

针对公众对电磁场健康影响的关注，WHO 自 1996 年开始组织 60 多个国家及多个组织，开展全球性的"国际电磁场计划"研究。WHO 认为在防护措施上，最重要的是执行暴露限值以预防已确定的有害影响。此外，采取其他适当的预防措施来减少暴露是正当的。

目前已有两个暴露限值导则（ICNIRP，1998 和 IEEE，2002）。

2003 年欧洲标准化委员会 CENELEC 发布 EN 50366《家用和类似用途电器 电磁场 评估及测量方法》。该标准的适用范围是不超过 300 GHz 的家用和类似用途器具，也适用于不打算作为一般的家用，但对公众仍可以构成危险的器具，如在商店、轻工业及农场由不熟练人员使用的器具。该标准给出了在前述范围下的磁场和电场评估方法。表 2-7 是 EN 50336 给出的电场、磁场和电磁场的基本限值。

表 2-7 电场、磁场和电磁场的基本限值（EN 50366）

频率范围	磁感应强度/mT	电流密度 r.m.s/（mA/m²）	全身平均 SAR/（W/kg）	局部（头和躯干）SAR/（W/kg）	局部（肢体）SAR/（W/kg）	功率密度 S/（W/m²）
0 Hz	40					
>0~1 Hz		8				
>1 Hz~4 Hz		8/f				
>4 Hz~1000 Hz		2				
>1000 Hz~100 kHz		f/500				
>100 kHz~10 MHz		f/500	0.08	2	4	
>10 MHz~10 GHz			0.08	2	4	
>10 GHz~300 GHz						10

注：f 表示频率。

电气设备周围磁场强度与产品工作电流、频率及磁场源的位置有关，电场和磁场在源头附近最强，随距离增加而衰减。为了减少暴露限值以外对人体影响，可采用改进产品结构设计，减少周围磁场强度的方式；也可通过使用者远离操作区的方式实现。

对家用电器使用中产生的辐射骚扰，GB 4343.1《家用电器、电动工具和类似器具的电磁兼容要求 第 1 部分：发射》中给出了限值和测试方法，该标准覆盖的频率范围为 9 kHz~400 GHz。

（2）对紫外线等的防护

——对于以紫外线、红外线等实现预定功能的产品，应防止使用中某些波段紫外线等的产生和泄漏。

——对于使用中臭氧作为衍生物产生的产品，应尽量减少臭氧的产生量，符合相关标准要求（如 IEC 60335-2-65）。

如对消毒产品（柜）等，为防止臭氧、紫外线产生和泄漏，需要控制产生量、隔离遮蔽、增加连锁防护或采用室温催化分解等措施。

（七）化学危险及其防护

1. 危险的产生

化学危险主要是指家用电器含有或产生的有毒有害物质，对人体带来健康伤害，有的则在产品废弃或回收处理过程中对环境造成污染。

2. 防护措施

化学危害因素包括重金属及其化合物、挥发性气体、有机化合物等，其相关安全设计主要从控制有害物质的量、接触时间、接触方式、接触频率等要素入手，阻断伤害产生的路径。主要考虑以下几个方面的内容：

——限用和禁用含有毒有害物质。特别是针对与食物和水接触的材料、部件，应符合相关法规和标准的规定。例如，IEC 60335 标准中明确禁用汞、石棉和含 PCB 的油类等；

——对不能避免使用到的有危害化学物质进行控制，尽量减少其用量和被人接触到的概率；如采取适当的排放、通风或密封等措施，并对危险进行警告；

——选取环境友好型的材料和部件，无毒无害、低能耗及易回收再利用；同时应考虑避免产品使用中出现的物质化学特性改变的情形（如过热）；

——对于具有消毒、杀菌、净化功能的产品，防止二次污染危害人体健康和环境。主要措施是控制和监测使用过程中有毒有害物质的产生。

三、正确安装

家用电器的安装会影响其使用环境和工作条件，安装不符合产品原本的设计要求，可能导致家用电器不能正常工作，降低使用寿命，发生故障及危害安全等问题。例如，安装固定不可靠，可能导致机械危险，安装间距过小，可能导致过热危险。因此正确安装对家用电器的使用安全十分重要，正确安装需要考虑的主要内容如下：

（1）满足电器安装环境的要求

安装家用电器应查看产品说明书中对安装环境的要求，特别注意在可能的条件下，不要把家用电器安装在暴晒、潮湿、灰尘积聚或者过度拥挤等严酷环境中，在说明书没有明示或相关适用标识时，严禁将产品安装在可能淋雨、有易燃和腐蚀性气体等恶劣环境中。

（2）遵守接地或接公用零线的要求

家用电器中的许多产品，如电冰箱、洗衣机、空调等常常被设计成Ⅰ类电器，它们的特点是电源软线采用三脚插头，其中三脚插头中的顶脚与电器的金属外壳相连。按照Ⅰ类电器的安全使用要求，使用时金属外壳必须接地或接公用零线，即所谓的保护接地和保护接零。故严禁将三脚插头插入不带接地或接地虚接的万用插座使用，或者将三脚插头换成Ⅱ类电器使用的两脚插头。

（3）正确接线

正确布置安装电路电线对保障电器使用安全尤其重要。一方面，在设计安装电路时，要明确标明火线、零线，确保电线与电器保持准确无误地连接。另一方面，家用电器与电源连接，必须有可开断的开关或插接头，禁止将导线直接插入插座孔。凡要求保护接地或保护接零的，都应采用三脚插头和三眼插座，并且接地、接零插脚与插孔都应与相应插脚与插孔有严格区别。禁止用对称双脚插头和双眼插座代替三脚插头和三眼插座，以防接插错误，造成家用电器金属外壳带电，引起触电事故。接地、接零线虽然正常时不带电，但为了安全，其导线规格要求应不小于相线，其上不得装开关或保险丝，也禁止随意将其接到自来水、暖水、煤气或其他管道上。

四、正确使用

使用者的使用和操作对家用电器的安全影响十分重要。使用者不按照产品的使用说明使用家用电器，或者将家用电器用于原本设计以外的用途，都可能造成产品故障甚至安全事故。正确使用家用电器需要关注：

（1）加强使用信息提供和使用者教育培训

家用电器的使用者一般是未经过培训的非专业人员。提供准确、充分、适用的使用信息，是指导消费者安全使用产品的重要途径。使用信息的提供除了符合目前已有的国家相关法律法规、标准的规定外，还需要考虑两个方面的内容：一是在信息内容上，应结合产品特征，需要明确不同使用环境、不同使用人群应该特别注意的事项和内容；二是在信息提供的方式上，还要考虑不同使用者的特征，如针对老年人等特殊使用群体，使用说明、标识标志，危险警示等需要考虑他们的生理、心理和认知特征。

此外，针对使用者的通识教育，进一步增强人们的安全使用意识和水平，阅读并遵守产品说明书的各项规定和要求，熟悉并牢记各类安全标识和警示符号。

（2）加强电器日常的维护和检测

常规检测对及时发现安全隐患是一个极其重要的步骤。在使用电器时，要经常观察电器运行状态是否有异常，比如是否有奇怪的声音、气味的存在，还要检查连接电器与电线之间的绝缘线是否有老化或损坏的现象。如果家用电器在使用过程中出现冒烟、异响、火花、自燃、刺鼻的异味等危险的情况，为了防止造成人员伤害或者财产损失，应及时断开电器电源，远离该电器，待专业人员确认安全后，将该电器转移到无人的空旷地方。

（3）及时淘汰"超龄"旧家电

所有的家电都有安全使用寿命，超过安全使用期限，就应该报废，否则会增加安全隐患。当一件家用电器接近使用寿命时，由于整体老化会不断出现故障，从安全和经济角度考虑，应尽早弃旧更新。但目前大部分家庭都是只要家用电器还能使用就一直用，忽视了家用电器的安全使用期限。超过安全使用期限的家用电器存在安全隐患，可能会出现漏电等现象，应及时淘汰"超龄"旧家电。

如果有必要，可对家电产品提出针对性的"安全使用期限"到期明示提醒或检查制度，给予消费者提醒和辅助保障。另一方面，制造商如已对产品标明安全使用期限，则在厂商标明的安全期限内，消费者正常使用家电产品时发生了安全事故，应由厂商承担相关责任。

第三章
高海拔环境下的家用电器安全

| 第一节 |
安全影响因素

高海拔环境条件的特点主要是空气压力低（密度低）、温度低且变化大、绝对湿度低，而且太阳辐射强，此外还存在沙尘、冻土等情况。这些都是与家用电器安全紧密相关的重要影响因素。

一、空气压力或空气密度降低的影响

海拔高度 0 m 的年平均空气压力为 101.3 kPa；海拔高度 3000 m 的年平均空气压力为 70.1 kPa；海拔高度每上升 1000 m，空气压力约下降 9%。空气压力（密度）的降低，会对家用电器的绝缘性能、冷却效应、部件动作特性、机械应力等产生显著的影响。

（一）对电气间隙的影响

对家用电器而言，在不同的导电部件之间，或者带电部件与电器的外壳之间，为了保证其安全性，通常会设置一个使空气介质不会击穿的安全距离，这个安全距离就是电气间隙。简而言之，电气间隙是两个导电部件之间，或一个导电部件与器具的易触及表面之间的空间最短距离。电气间隙是评定电器产品安全性的重要指标之一。

IEC 60335-1 中规定了家用电器的电气间隙、爬电距离和固体绝缘应可以承受可能经受的电气应力。但由于产品承受电气应力的能力会受到环境条件的影响，如：温度、湿度、气压、污染等级等，故对应的绝缘强度也会因环境条件的不同而改变，其中气压对电气间隙的影响最为明显。

巴申定律指出：在均匀电场中，对于给定的电极形状和材料，空气的击穿电压取决于空气的压力和电极距离的乘积。因此，GB/T 4797.2《环境条件分类 自然环境条件 气压》中规定：随着气压的降低，产品的放电电压、电晕电压和电极间的击穿电压降低，产品会由于电弧或电晕而产生失效或运行故障。根据巴申定律，当两极间的距离一定时，气压越小，击穿电压也就越低。因此，海拔高度是影响击穿电压的重要因素之一。

对于设计定型的产品，由于其电气间隙已经固定，如果其产品使用环境空气压力降低，其电气间隙的击穿电压也随之下降。因此，为了保证产品在高海拔环境使用时有足够的耐击穿能力，必须增大电气间隙的距离。

（二）对开关电器灭弧性能的影响

空气压力或空气密度的降低，使用于空气介质灭弧的开关电器的灭弧性能降低，通断能力下降和电寿命缩短。

空气介质的绝缘强度通常是随着气压的提高而增大，但是，在空气稀薄或真空状态下又随着真空度的提高而增大。故存在两种情况：常规情况下，海拔升高，气压降低，空气密度下降，会造成开关电器灭弧时间延长，触点烧损严重，从而使得开关通断能力降低；但在接近真空情况下（约 <1 Torr，1 Torr ≈ 133.322 Pa），气压降低，空气密度下降，反而有利于开关电器灭弧，因为真空开关的灭弧原理就是基于空气密度极低。因此，气压的高低对于高海拔地区用低压电器产品的接通分断能力的影响也应予以考虑。

交、直流电弧的燃弧时间随海拔升高或气压降低而延长，同时飞弧（高低电压两电极之间产生的非正常直接放电现象，俗称"打火"。）距离也随海拔升高或气压降低而增加。海拔高度每升高 1000 m，燃弧时间约延长 5%，当海拔增加到一定高度时，开关电器可能会出现灭弧时间不合格或分不断的现象。

（三）对介质冷却效应（产品温升）的影响

空气压力或空气密度的降低会引起空气介质冷却效应的降低。很多家用电器属于散热产品，随着海拔高度的改变，对其散热的影响主要有四个方面：（1）传热介质性能（空气密度、压力、黏度等）的改变；（2）传热介质流动状态（层流、湍流）的改变；（3）系统阻力的变化；（4）对流风扇性能的改变。这些方面的变化都与传热介质的性能改变有关，也就是和海拔高度有关系。例如，高海拔地区空气的密度小，空气性质的改变导致传热系数减小。

高海拔环境下的家用电器散热性能与传热介质性能的改变密切相关。热耗散可以分成三种形式：传导、对流和辐射。大量散热产品的散热主要依靠对流，即依靠产品周围的空气流动来散热，对流散热一般又可分为强迫通风散热和自然对流散热。自然对流散热是依靠产品发热产生的温度场，造成产品周围空气的温度梯度，使空气流动散热；强迫通风散热是通过强制措施，迫使空气流过产品，带走产品产生的热量。

对强迫对流散热来说，主要依靠气体的流动带走热量。在体积流不变的情况下，随海拔高度增加和空气密度降低，强迫对流散热的效果将受到直接影响。随着海拔高度的增加，大气压降低，空气黏性系数增加，传递的热量减少。一般电机用的冷却风扇，是保证流过电机的空气体积流量不变，当海拔高度增加时，由于空气密度下降，即使空气体积流量不变，气流的质量流量也将随之降低。由于在一般实际问题中所涉及的温度范围内空气的比热容可以认为是一个常数，则气流升高相同的温度，因质量流量较少而吸收的热量也将减少，发热器件受到积累的不利影响，产品的温升将随大气压降低而升高。通常，海拔每升高 100 m，产品温升增加约 0.4 K，但对高发热电器，如电炉、辐射式电暖器等产品，温升随海拔升高的增高率，每 100 m 可达到 2 K 以上。当然，随海拔高度增加，对流散热减少，辐射散热增加。海拔高度越高，空气密度越低，对流散热耗散的热量所占的比例越来越小，而辐射散热耗散的热量所占的比例越来越大。

另外，对于以自然对流、强迫通风或空气散热器为主要散热方式的电器设备，由于散热能力的下降，温升增加。在海拔 5000 m 范围内，每升高 1000 m，即平均气压每降低 7.7 kPa~10.5 kPa，温升增加 3%~10%。在海拔 5000 m 的高度上，放热系数会比海平面上的值下降 21%，对流散热传递的热量也将下降 21%。在 10000 m 的高度上将达到 40%。

家用电器工作时由于上述散热不足造成的内部高温条件，加之高海拔下使用可能发生的高温环境条件，使得家用电器很容易产生过热的现象。过热是产品发生故障的主要原因之一。因为随着温度的升高，电子、原子、分子的运动速度加快，使得产品的性能发生变化。产生故障的时间受这些化学或物理变化过程的速率控制，而这一速率随温度的升高而大致按指数规律增加。研究发现，在高于一般室内环境温度范围条件下，产品的故障率也同样随温度的升高而大致按指数规律增加。

（四）对电气零部件动作性能的影响

随着海拔升高，空气密度渐低，散热的对流作用减弱，而且高海拔地区最低气温低，昼夜温差较大，会给低压电器产品的动作特性带来一定影响。如热磁式低压断路器的动作特性、热继电器的动作特性均会发生一定变化。

在低气压条件下，继电器散热条件变差，线圈温度升高，使继电器给定的吸合、释放参数发生变化，影响继电器的正常工作；低气压还可使继电器绝缘电阻降低、触点熄弧困难，容易使触点烧熔，影响继电器的可靠性。

另外，受气压影响的温度控制器也可能会因海拔高度而改变甚至丧失原有的动作特性。例如：

（1）水的沸点会随着气压的下降而降低，依赖于水温变化的温度控制器会因此而失效，改变动作值，使水温未达到设定值就改变电热元件的供电状态，从而失去自动控制功能。例如在低海拔地区销售的电热水壶到了高海拔地区使用可能失去自动控制功能。这种电热水壶的控制是温度控制，即水被加热到某一温度（水的沸点）时，自动断开加热电路，接通保温电路，而这个温度值在产品出厂时已经调整好了。如出厂时于某低海拔地区校准，高度为 6 m 左右，水的沸点接近 100 ℃，考虑到温度传感器误差等各种因素，加热电路断开的温度应在 96 ℃~100 ℃之间的某一范围内。

然而，水的沸点是随着气压的变化而变化的，海拔越高，气压越低，水的沸点也越低。在高海拔地区使用时，如西宁地区海拔 2261 m，气压为 77.272 kPa，水的沸点为 92.7 ℃，由于水的沸点达不到该电热水壶出厂时设定的断开加热电路的温度，所以加热开关并不能自动断电。

（2）在高海拔地区，也可能出现冰箱中的机械式温度控制器在温度未达到设定值就启动压缩机运行。机械式温度控制器的控制机理是：通过感温囊和感温管中的感温液，将热能转变为机械能，再根据感温囊膜片内外侧受力变化产生的弹性变形（位移），带动温控器动触点运动，实现控制电路的通断。感温囊膜片内外侧所受的作用力是主弹簧拉力折合到该处的作用力与大气压力的合力。因此，生产厂商在低海拔地区标定的温控器到高海拔地区时，动作值将发生偏移。根据实践经验，考虑到温控器本身的误差范围（一般为±2 ℃），故在海拔 2500 m 以下地区，一般不会影响冰箱、冷柜等电器的正常使用，而在更高海拔（如 3000 m～4000 m）地区使用时，这种影响就不可忽视了。

（五）对产品机械结构和密封的影响

高海拔环境条件对产品机械结构和密封的影响，主要是对相关材料、部件的物理、化学性质以及承受的应力条件造成了改变。具体有：

（1）引起低密度、低浓度、多孔性材料（例如：电工绝缘材料、隔热材料等）的物理和化学性质的变化。

（2）润滑剂的蒸发及塑料制品中增塑剂的挥发加速。高海拔环境会使得家用电器中润滑脂凝固冻结或稠度增大，造成一些运动部件的运动摩擦力增大，产生卡死、磨损加速等现象，例如，小型电机，起动时与轴承摩擦发出尖哨声，加速轴承磨损。

（3）由于内外压力差的增大，气体或液体易从密封容器中泄漏或泄漏率增大，对于有密封要求的电器产品，将间接影响其电气性能。

（4）引起受压部件所承受压力的变化，导致受压部件容易破裂。比如一些冷柜和冰箱的密封式双层玻璃门，由于气压变化改变了玻璃板两侧的压力，致使玻璃发生破裂的情况大幅度增加。这种双层玻璃推拉门外层为 5 mm 厚普通玻璃，内层为 3 mm 厚普通玻璃。加工时，将两块玻璃牢牢粘接在四周的四条槽形塑料边框上，密封性很好，这样加工本意为增强玻璃门的隔热性能，而在高海拔地区使用，却容易导致门玻璃破裂。这是因为生产厂所在地区海拔高度不足 10 m，气压近似于 1 个大气压，也就是说，在门体两玻璃之间的空间内密封着大约 760 mmHg① 压力的气体，而到高海拔地区使用，门体玻璃内外两侧压差比较大，而冷柜（或门体）存放温度较高时，因压差增大而导致内层 3 mm 厚的普通玻璃破裂。另外，一些运动部件（冷藏门）由于润滑油的劣化加速，造成运动摩擦力增大、卡死、磨损加速等现象。通常这种冷藏门也采用双层玻璃密封结构，为了提高玻璃门的隔热性能，玻璃之间充一个大气压的氮气，然而在西宁地区尚未出库便发生大多数门的玻璃破裂，其原因就在于该部件在高海拔环境下发生了结构劣化。

二、空气温度降低及温度变化大的影响

高海拔地区环境温度相对较低，昼夜温差较大，会对产品的温升、结构等产生显著的影响。

（一）空气温度对产品温升的补偿

高海拔地区空气密度或空气压力的降低使得空气介质的冷却能力降低，对于以自然对流、强迫通风为散热方式的家电产品而言，其温升会增加。同时，平均空气温度和最高空气温度均随海拔升高而降低，散热温差变大，可以增强冷却的效果，可部分或全部补偿因海拔升高所引起的产品温升增加，具体补偿值视产品的散热特点和实际环境温度而定。通常高海拔室内环境对温升的补偿相对较低，高海拔室外环境对温升的补偿较高，故在高海拔地区，室内使用的产品比室外使用的产品更需要注意防范发生

---

① 1 mmHg = 133.322 Pa

过热问题。

一般环境空气温度的补偿值为海拔每升高 100 m，环境空气温度降低 0.5 ℃。

（二）对产品结构的影响

高海拔环境的平均温度和最低温度都较低，因此低温诱发的故障是高海拔环境下电器设备主要的故障模式之一。低温的影响与高温相反，由于电子、原子、分子运动速度减小，导致物质收缩、流动性降低、凝结变硬，又因冶炼、轧制、设计形状，切削创伤、焊接淬火、锻造塑性、弹性变形造成内应力，使产品结构件出现明显脆性（冷脆现象）。如材料发硬变脆；各种材料收缩不一致和不同零部件膨胀率的差异使零件互相咬死；电子元器件（晶体管、电容器等）的性能发生变化；结构材料破裂和开裂、脆裂、冲击强度改变、力学性能降低。

温度的作用机理是使材料形变、改变材料性能，具体如下：

（1）使高分子材料发硬、发脆，结构强度减弱，尤其是橡胶、塑料等。

（2）元器件性能变化，如：铝电解电容器损坏，石英晶体不振荡。

（3）由于金属的屈服强度随温度降低而升高，引发金属的低温脆性，造成金属件抗冲击韧性降低，增加减震支架的刚性，零件易发生脆性损坏。

（4）受约束的玻璃产生静疲劳。

高海拔环境的昼夜温差较大，当温度在上、下限循环时，电器产品的结构随之交替膨胀和收缩，使产品中产生热应力和应变。产品内部瞬时的热梯度（温度不均匀性）或产品内部邻接材料的热膨胀系数不匹配，将加剧这些热应力和应变。这种循环加载的应力和应变将集中于产品的缺陷处，最终导致产品的结构故障和电故障。

高海拔地区较大的昼夜温差，易对电器产品造成以下影响：

（1）元器件涂覆层脱落、灌封材料和密封化合物龟裂甚至密封外壳开裂、填充料泄漏等，使得元器件电性能下降；

（2）由不同材料构成的产品，温度变化时产品受热不均匀，导致产品变形、密封件开裂；

（3）较大的温差，使得产品在低温时表面会产生凝露或结霜，在高温时蒸发或融化，如此反复作用的结果将加速产品的腐蚀。

因此，长时间在温度极端变化的环境下，家用电器产品容易发生玻璃破裂、零件卡死或松动、结构件分离、电子或机械装置失效、产品表面涂料龟裂等现象。

三、空气绝对湿度减小的影响

空气绝对湿度随着海拔的升高而降低，会对产品的绝缘强度、部件磨损等造成影响。

高海拔地区的空气含湿量（绝对湿度）小是造成电器外绝缘放电电压降低的另一因素。绝对湿度降低时，空气中水蒸气分子数量少，其捕获电子而形成负离子的数量也少。空气湿度减小，电子崩（在电场作用下，气体由于碰撞电离发生倍增而形成的电子"雪崩"式增加的过程）内的电子数量相应增加，沿流柱通道的电子数量随之增加，电子流增强，因而流柱通道的湿度升高，放出的能量增加，相应地使先导放电易于发生，故放电电压降低，家用电器的外绝缘强度降低。

另外，绝对湿度的降低还会使换向器电机的换向火花增大，同时使电机炭刷的磨损率增加。

四、太阳辐射照度增加的影响

太阳辐射照度随着海拔高度的增加而增加，会对电器产品表面的温升、材料的老化产生影响。

（一）热辐射增加的影响

海拔 5000 m 时最大的太阳辐射度为低海拔时相应值的 1.25 倍。对于户外用家用电器而言，太阳热辐射的增加会引起较大的表面附加温升，降低有机绝缘材料的材质性能，使材料变形，产生机械热应力等影响。

（二）紫外线辐射增加的影响

紫外线辐射照度随海拔升高的增加比太阳总辐射照度的增加大得多，当海拔 3000 m 时已经可以达到低海拔时相应值的 2 倍。紫外线引起有机绝缘材料的加速老化，使空气容易电离而导致外绝缘强度和放电电压降低。光波的能量正比于频率的平方，紫外线属于典型的短波高频辐射，能量密度很高。紫外线辐射的破坏机理主要是高能辐射加速高分子材料老化，导致材料变形。紫外线的破坏机理如下：

（1）长时间高强度紫外线照射可使设备过热，导致电路稳定性下降、元器件损坏、着火、低熔点焊锡开裂、焊点脱开，缩短设备寿命。

（2）加速橡胶件、塑料件老化。紫外线除能直接引起橡胶分子链的断裂和交联外，橡胶还因吸收光能而产生游离基，并引发加速氧化链反应过程。

（3）改变材料的局部或全部尺寸，其热效应导致膨胀系数差别较大的材料的零件粘结。

（4）热效应导致润滑剂黏度下降，或润滑剂外流使连接处丧失润滑特性。

（5）加速金属氧化，接触点电阻增大，金属材料表面电阻增大，导致电路局部过热。

到达地面的太阳辐射和高分子材料性能有着较为密切的关系，尽管到达地球表面、波长小于 0.30 μm 的辐射量是很小的，但它的光能量却很大，对许多高分子材料的破坏性很大，能够切断很多有机材料的化学键，对有机材料的老化效应可能很显著。实际情况下，太阳辐射对有机材料的损害大小，除与其化学键能大小等因素有关外，与其分子键密度也有关。热固性塑料分子键呈网状结构，密度相对较大，光老化裂解作用对其性能影响较小，而对热塑性的性能影响较大。在太阳辐射强烈、环境温差变化大的综合作用下，会加速油漆涂层的老化和龟裂。据分析，油漆涂层的光老化属于光氧老化，其速度不仅和太阳光的辐射强度和辐射总量有关，也和大气中的水分、氧气、温度、湿度都有关系。虽然高海拔地区的太阳辐射强度和总量比较大，但气候干燥，空气稀薄，温度低，大气中的水分和含氧量等没有湿热带高，所以高原气候对油漆涂层的影响没有湿热带强烈。已有试验结果表明，金属防腐涂层老化在西沙湿热环境下比高海拔环境下的老化更为明显，但高海拔环境条件下，油漆涂层变色现象较为明显。

五、冻土的影响

高海拔地区通常伴随着低温，土壤冻结现象十分普遍，如我国青藏高原部分地区年平均气温在-3 ℃～-6 ℃，是十分典型的冻土区。冻土的平均厚度受气候条件和地质条件的综合影响，一般情况下，随着海拔的升高，地温逐渐降低，冻土层的厚度也随之增大。

土壤是电气接地系统性能的决定因素。冻土地区的土壤冻结后，土壤中液态水的含量降低，导电离子减少，导致电阻率急剧上升。冻土的土壤电阻率随温度变化显著，上层温度较低，土壤电阻率很高，随着深度增加，土壤温度上升，土壤电阻率逐渐下降。融冻时，由于地表温度升高，表层土壤电阻率开始减小，土壤温度表现为中间低，上下层比较高，而电阻率则为中间高，上下层较低。

对于接地系统而言，当冻土层的厚度大于地网埋深时，地网接地电阻主要受冻土层土壤电阻率的影响，其值会显著增加，从而造成地表电位升的增加，接触电压、跨步电压值急剧增加，同时地表绝缘层的绝缘性能亦会增强，因此，将对建筑物的接地安全性产生明显的影响，进而对家用电器的安全运行产生影响。

六、沙尘的影响

高海拔地区沙尘天气多发，空气中悬浮的沙尘，是影响户外安装的家用电器机械性能的重要因素之一。高海拔作业环境空气含尘密度是低海拔地区的 5 倍~15 倍，其中不但有大量焦油产物、灰尘及煤烟，还包含有大量高硬度的沙砾。沙尘对家用电器的主要影响有：

（1）部件磨损加剧，可靠性下降。尘土进入家电内部后使内部组件摩擦加剧，加速机件磨损，降低使用寿命，甚至出现卡死的情况。

（2）沙尘污染冷却系统表面，不利于部件散热。

（3）降低电子设备精度及可靠性。渗透入密封结构中的沙土吸附水分，降低材料绝缘性能，使电路劣化，静电荷增多，产生电磁噪声，降低电子设备精度及可靠性。

（4）沙尘也会造成电器内部的微环境污染，导致与电气间隙、爬电距离相关的安全风险的出现。

| 第二节 |
故障模式和原因分析

在高海拔环境下使用的家用电器，主要的故障模式可分为：电气安全故障、控制失灵故障、结构劣化故障以及材料老化故障。

一、电气安全故障

高海拔环境条件下发生的电气安全故障，主要是由于相关特殊环境条件造成家用电器整机、零部件以及保护系统的绝缘性能或保护能力发生变化。如，外绝缘强度降低；灭弧装置性能减弱；电气间隙发生空气击穿；空气介质冷却效应的降低（温升）等，使得家用电器的电气防护失效。

二、控制失灵故障

高海拔环境条件下发生的控制失灵故障，主要表现为家用电器控制器的控制条件或动作参数发生变化。如，水的沸点降低使得温控器无法达到动作温度；膨胀式温控器的动作压力变化导致其动作温度改变。

三、结构劣化故障

高海拔环境条件下发生的结构劣化故障，主要是因为家用电器零部件承受的受力状态发生变化。如，润滑劣化导致部件磨损力增加；内外压强不平衡导致部件在压力下破裂。

四、材料老化故障

高海拔环境条件下发生的材料老化故障，主要表现为材料的质地发生变化。如，涂层老化和龟裂，高分子材料老化，增塑剂损耗。

上述故障模式、原因分析与对应的影响因素、影响对象汇总如表 3-1 所示。

表 3-1 高海拔环境下家用电器故障模式和原因分析

故障模式	故障原因	影响因素	影响对象
电气安全	绝缘性能和保护能力变化，主要包括： ● 电气间隙不足 ● 灭弧能力变差 ● 冷却效应变差（温升） ● 变形和开裂 ● 放电电压降低 ● 介电强度下降 ● 接地异常	气压/空气密度低 温度低 湿度低 辐照强 冻土层存在或变化	电子电气设备 电机 电池 有机绝缘材料 接地装置/系统
控制失灵	控制装置特性变化，主要包括： ● 温度控制器感温条件改变或失效 ● 继电器动作参数变化	气压/空气密度低	冰箱、冰柜、电热水壶等

表 3-1（续）

故障模式	故障原因	影响因素	影响对象
结构劣化	部件受力状态变化，主要包括： ● 润滑液劣化导致卡死、磨损加速 ● 压力失衡导致部件破裂	气压低 湿度低 温度低	冰箱 冷藏门 塑料
材料老化	材料质地变化，主要包括： ● 涂层老化和龟裂 ● 高分子材料老化 ● 增塑剂损耗	昼夜温差大 气压低 辐照强	油漆涂层 金属 塑料

| 第三节 |

案例分析

一、对高分子材料的影响

1. 高分子材料在家电领域的应用概况

高分子材料已逐渐成为仅次于钢铁的第二大类家用电器原材料，在我国主要家用电器中平均占原材料比例在 20% 左右，且在电冰箱、洗衣机、电视机等产品中占比更高。表 3-2 列出了常见家用电器的材料组成及质量分数。家用电器用高分子材料以热塑性高分子为主，约占总量 90%，主要类型及品种有：聚丙烯（PP）、聚苯乙烯（PS）和聚乙烯（PE）等通用塑料；丙烯腈-丁二烯-苯乙烯共聚物（ABS）、丙烯腈-苯乙烯共聚物（AS）、聚酰胺（PA）、聚碳酸酯（PC）、聚对苯二甲丁二醇酯（PBT）、聚对苯二甲酸乙二醇酯（PET）、聚甲醛（POM）和聚苯醚（PPO）等工程塑料；聚氨酯（PU）树脂、酚醛树脂以及环氧树脂等热固性塑料。这些高分子材料具有质量轻、防水、抗冲击、抗锈蚀、可塑性强、成本低、易大批量生产等优点，无论是外壳装饰还是内部支撑部件中，塑料都表现出良好的绝缘性、耐热性和韧性，有力地支撑着家用电器的发展。

表3-2 常见家用电器的材料组成及质量分数　　　　　　　　单位:%

类别	铁	铜、铝等金属	玻璃	高分子塑料	其他	总计
电视机	10	5	57	23	5	100
电冰箱	50	7	—	40	3	100
洗衣机	53	7	—	36	4	100
空调器	55	24	—	11	10	100
所有电子电器设备	48	11	4	26	11	100

表3-3列举了家用电器中应用最为广泛的高分子塑料的主要品种、性能及用途。

表3-3 家用电器用高分子塑料的主要品种、性能特点及用途

名称	性能特点	用途
通用性PP	耐热、透光、成型性好、化学稳定强	洗衣机旋转叶、内胆，电冰箱内箱，电饭锅内盖，蓄电池壳体绝缘螺栓、螺母、线圈架，耐热的盖壳，配线器具外壳、盖
增强型PP	耐热、耐酸碱、成型性好、耐气候易着色抗冲击	轻便电视机、录音机外壳，接线盒，配线器具底座、线圈架，电动工具外壳，其他耐热部件
ABS	抗冲击、耐低温、耐化学腐蚀、尺寸稳定性好、表面光泽、易涂装和易着色成型性好	电视机、洗衣机、电冰箱、吸尘器、空调器、电话机、收音机、电风扇的外壳，电冰箱的内衬
ABS/PVC	阻燃、耐腐蚀、抗冲击、耐低温、尺寸稳定、刚性好、成型性好	电视机、录像机、收录机、电话机的外壳
AS	抗冲击、耐应力开裂、耐擦伤、耐化学腐蚀	各种家用电器的开关，电冰箱的蔬菜盘
PA	耐磨、机械强度高、抗冲击、自润滑	各种家用电器的齿轮、轴承、飞轮及滑动耐磨零件

表 3-3（续）

名称	性能特点	用途
PC	抗冲击、耐蠕变、耐气候、尺寸稳定、自熄、透明	光盘，电视机中的回扫变压器及偏转座盖，电吹风、电热器外壳，齿轮，齿条，透明罩壳
增强 PBT	耐热、抗冲击、耐疲劳、耐磨、尺寸稳定、自润滑、电绝缘性好	电视机中的线圈骨架、变压器外壳，磁带盒
PET	耐热、抗冲击、耐蠕变、耐磨	PET 薄膜用作录音带、录像带的基材；增强 PET 工程塑料用作电热器具、高频电子食品加热器、电饭锅、干燥器、电熨斗
POM	耐磨、耐疲劳、耐蠕变、抗冲击、尺寸稳定	录音机和录像机中的轴承、齿轮、轴套、滑动零件
PPO	电绝缘性好、尺寸稳定、机械强度高、抗冲击、耐热、耐蠕变、自熄、成型性好、易着色	电视机中的汇聚线圈框架、电子管插座、高压绝缘罩、调谐器零件、控制轴、硒电极夹、绝缘套管，电冰箱、空调器外壳，CD 转盘，电吹风，咖啡壶，蒸汽熨斗

2. 高海拔环境对高分子材料性能的影响

高分子材料的物质组成和内部结构决定了其性能特性，但是它的性能表现还会受到环境因素的影响，因为高分子材料本身存在着弱点：高分子聚合物（简称：高聚物）自身有许多结构相同的键节，并以化学键连接起来，这些化学键在工作环境中的稳定性决定了材料在环境中的抗老化能力，一旦化学键被破坏，其材料性能的表现就会大打折扣。所谓老化，就是材料在成型加工、使用和贮存过程中，受到光、热、氧、臭氧、水分及霉菌等气象、化学和生物因素的作用后，高聚物大分子内部发生降解或交联，导致物理和机械性能变化，乃至丧失使用价值。

（1）辐照影响

随着海拔的上升，空气变得稀薄清洁，尘埃和水蒸气含量明显减少，大气透明度比平原地带显著提高，空气吸收、反射和散射紫外线等太阳辐射能力下降。太阳辐射透过率随着海拔高度增加而增大，如青藏高原成为我国太阳辐射最强的地区。特别是紫外线等太阳辐射穿透空气到达地表，长时间照射会对高分子材料的化学结构造成严重破坏，加速材料老化。如表 3-4 所示，随着波长向紫外区 400 nm～200 nm 靠近，光辐射的能量不断增大。从能量观点来看，高聚物分子内部的键能多数在 250 kJ/mol～500 kJ/mol 的范围内，如表 3-5 所示。

由表 3-4 可知，短波紫外线 200 nm～280 nm 的光能量最高可以达到 600 kJ/mol，此能量能使许多高聚物的共价键发生断裂或者引发光氧化反应。

表 3-4　波长与光能量的关系

波长/nm	200	290	300	340	350	400	500	600	700
光能量/（kJ/mol）	600	418	397	352	340	297	239	197	170

表 3-5　一些常见化学键的键强度

化学键	键强度/（kJ/mol）	化学键	键强度/（kJ/mol）	化学键	键强度/（kJ/mol）	化学键	键强度/（kJ/mol）
C-C	339	C-N	285	C-H	415	C-F	498
C-O	364	C-S	276	O-H	460	C-Cl	327

当然，不同分子结构的高聚物，对于紫外线的吸收是有选择性的，几种常见高分子材料的光敏性如表 3-6 所示。在可吸收波段，紫外线首先被高分子材料或发色基团（羰基、过氧化氢基、过氧化物、催化剂残留物、金属杂质和多环芳香杂质）所吸收，高分子材料一部分或离解，或激发，离解的自由基和激发的分子引起化学反应，发生自由基之间的结合、交联和分子断裂等，很快产生外观上质量下降、光泽消失、粉化、褪色，乃至电性能、拉伸强度、伸长率变坏和脆化，最终导致完全破坏。由于高聚物的光氧化性质，紫外线对高分子材料性能影响很大，是引起材料老化的主要因素。与此同时，到达地表的红外线占到太阳辐射总量60%左右，对高分子材料老化亦有重要影响，因为材料吸收红外线后转变为热能，结合空

气中的氧分子引发热氧化反应，加速材料的老化。在一定条件下，也能引发某些高聚物的降解以及对含颜料的高分子材料起破坏作用。

表3-6 部分高分子材料最敏感的波长段

高分子	最敏感波长/nm	高分子	最敏感波长/nm	高分子	最敏感波长/nm
聚酯	325	聚碳酸酯	280~305 和 330~360	聚丙烯	300
聚苯乙烯	318	聚甲醛	300~320	氯乙烯醋酸乙烯共聚物	327 和 364
聚乙烯	300	PMMA	290~315	聚氯乙烯	320

（2）温度影响

除了紫外线等光辐射因素外，不合适的环境温度也会加快高分子材料的老化。根据中国天气网监测跟踪的数据，拉萨（海拔3650 m）极端最高气温不超过30 ℃，极端最低气温则可达-16 ℃以下；西宁（海拔2261 m）极端最高气温36.5 ℃，月平均最高气温不超过25 ℃，而极端最低气温则可低至-25 ℃以下；昆明（海拔1895 m）则温和很多，月平均最高温度也不超过25 ℃，最低平均温度高于2 ℃，极端最低温度也仅-7.8 ℃。

上述三个典型高海拔城市的气温变化均在高分子材料适用温度范围内（表3-7），理应不会加速老化。然而，这些地区夏季的气温虽然不高，但是地表的极端温度可达75 ℃~85 ℃，在光、氧等因素的共同作用下，高分子材料的老化就会加速，并且温度越高，加速越明显。低温对高分子材料亦有影响，如PE在低温下会变脆、变硬；共聚型ABS的脆化温度接近上述极端最低气温，而共混型ABS脆化温度仅-18 ℃。低于脆化温度，塑料将失去柔韧性，性脆易折，无法正常使用。此外，高海拔地区随季节日夜温差变化大，温度频繁地大幅度交变将使高分子漆膜热胀冷缩，内应力不断改变，导致漆膜变形，附着力降低，甚至造成漆膜脱落。更为重要的是，在适用温度范围内也仅仅代表高分子材料性能测试时构成材料破坏的温度，日积月累地在接近最高或最低温下工作，同样会加速材料的老化。

因此，根据上述高海拔地区气温变化特征，低温环境更可能会对高分子材料在家用电器上的正常使用带来不利影响，值得企业关注。

表3-7 常见高分子材料适用温度（不等同持久工作温度）

高分子	适用温度/℃	高分子	适用温度/℃	高分子	适用温度/℃
PP	−30/+140	PC	−40/+120	PU	−70/+80
PE	−100/+100	PS	−30/90	PPO	−127/+120
PVC	−15/+80	POM	−40/+100	酚醛树脂	−196/+200
ABS	−30/+80	PMMA	−40/+90	PTFE	−180/+250

（3）空气密度影响

高海拔地区的空气稀薄，也会间接影响高分子材料的老化速率。空气稀薄导致电器的散热能力减弱，家用电器持久工作后机身温度升高，进而加速热老化。

家用电器中使用的非金属绝缘涂层大多为各种经过改性的塑料材料，这些材料的物理性能受温度的影响很大，尤其是当电器内部热量居高不下，绝缘涂层的许多性能一般都会变差。很多材料在高温时会逐渐变软、熔融、机械强度下降，这些变化会造成电器零部件的爬电距离和电气间隙也发生变化，导致电气强度降低、绝缘电阻下降，严重时会造成电气短路甚至火灾事故的发生。空气稀薄引起气压降低，在一定程度上降低了氧气的绝对浓度，即氧分压，理论上氧分压能够减缓氧老化，但仍需开展相应的科学研究来验证。气压的降低需要加大电气间隙，对绝缘涂层的要求也将提高。

（4）湿度影响

在某些干燥的高海拔地区，水分和相对湿度可能不会影响高分子材料的使用，但是在湿润的云贵高原则需考虑增加防护措施。水分对高分子材料的作用表现为降水（雨、雪、霜、冰、雾）、潮湿、凝露等多种形式的作用。一方面降雨能将户外使用的材料表面的灰尘冲洗掉，使其受到太阳光的照射更为充分，从而利于光老化的进行；另一方面，雨水特别是凝露形成的水膜，能渗入材料内部，加速材料的老化。水是引起漆涂层起泡的根本原因。当然，水分对某些高聚物具有增塑作用，在一定条件下，可以起到延缓老化的作用。相对湿度对高分子材料老化速度也有影响。一般说来，相对湿度大会加速材料的老化。例如，低压聚乙烯在湿度大的地区就比湿度小的地区老化显著。另外，大多数非金属材料，都具有吸湿性，其吸湿量在未达到饱和前，将随着湿度增大而增大，直接影响材料性能。

二、对制冷器具的影响

1. 制冷剂在家电领域应用概况

制冷剂是制冷机中使用的工作介质，即在热力系统内部通过自身热力状态的改变实现能量交换和传输的流体介质，也称为制冷工质或冷媒。目前家用电器中常见的压缩机式制冷系统，是通过制冷剂过冷液体的节流、蒸发、吸收热量实现目标空间（物体）的制冷。

常用制冷剂主要有以下几类：

（1）R600a（异丁烷），是一种性能优异的新型碳氢制冷剂，消耗臭氧潜能值（ODP）为零，全球变暖潜能值（GWP）值较低，温室效应小。其特点是工作压力低，蒸发潜热大，冷却能力强，流动性能好，耗电量低，与各种压缩机润滑油兼容。R600a 主要用于替换 R12 和 R134a 制冷剂，现在多用于家用冰箱和小型冷柜。R600a 制冷剂安全等级为 A3，与空气混合能形成爆炸性混合物，遇热源和明火有燃烧爆炸的危险。R600a 与 R134a 相比，工作压力低，单位容积制冷量小，制冷能效较高。

（2）R32 又称二氟甲烷、二氟化碳，无色、无味，ODP 值为零，GWP 值较小，安全等级为 A2L 级，具有微燃性，遇明火会燃烧。R32 与 R410a 的热力学性质较为接近，压力稍高于 R410a，单位容积制冷量大，是一种性能优异的氟利昂替代物。R32 具有较低的沸点，较低的黏性系数和较高的导热系数，制冷系数较大。

（3）R290（丙烷），分子式：$CH_3CH_2CH_3$，可以从石油、液化气中直接获得，是一种新型环保制冷剂，主要用于中央空调、热泵空调、家用空调和其他小型制冷设备。R290 的 GWP 值很低，对温室效应几乎没有影响。此外，R290 的基本物理性质与 R22 非常接近，具有蒸发潜热大、流动性好、节能等特点，是现阶段 R22 理想的替代品。但是由于其安全等级为 A3 级，具有可燃可爆的特性，系统的充注量受到了限制。R290 与空气混合能形成爆炸性混合物，遇热源和明火有燃烧爆炸的危险。气体比空气重，能在空间低处向远处扩散。R290 的液态密度小于 R22，相同容积下 R290 的充注量更小，与金属材料和润滑油的相容性良好。

我国作为全球最大的家用电器制造基地和消费市场，也是制冷剂的使用和消费大国，控制氯氟烃的消费量将对环境保护产生举足轻重的影响，受到国际社会的高度关注。

2015 年新版欧盟含氟气体法案（F-Gas 法案）批准实施，采取了配额管理系统来削减欧洲市场的氢氟烃 HFCs 配额，进入欧盟市场要增加 F-Gas 法案的碳税。

2016 年 10 月，《蒙特利尔议定书》缔约方在卢旺达达成旨在加强管控温室气体氢氟烃（HFCs）排放的基加利修正案，该修正案将 18 种具有高 GWP 的 HFCs 物质以及包含这种物质的混合物纳入管控目录，同时还设定了 HFCs 在全球的削减时间表。按照时间表，大部分发达国家将从 2019 年开始削减 HFCs，到 2036 年在基线水平上削减 85%；包括中国在内的绝大部分发展中国家将在 2024 年对 HFCs 生产和消费进行冻结，2029 年在基线水平上削减 10%，到 2045 年削减 80%。

2019 年 1 月 1 日，基加利修正案正式生效。截至 2021 年 3 月底，全球已有 115 个国家批准了基加利修正案。我国已决定接受该修正案。

2019 年 6 月，国际电工委员会宣布批准将 A3（易燃）制冷剂的充注限值从 150 g 增加到 500 g，A2 和 A2L（低易燃）制冷剂的充注限值从 120 g 增加到 1200 g，进一步放宽了可燃制冷剂的应用范围，为在家用空调上的使用排除障碍。

2019 年，我国发展与改革委员会等七部门联合制定的《绿色高效制冷行动方案》中提出，到 2030 年，主要制冷产品能效准入水平在 2022 年的基础上，再提高超过 15%。同时，欧盟新能效标识于 2019 年 12 月 5 日正式发布，2021 年 3 月 1 日正式实施。可燃制冷剂具有优良的热力性能，是解决制冷产品能效提升的有效举措。随着家用电器能效的进一步提升，将倒逼环保冷媒的进一步推广使用，为可燃制冷剂的应用打开空间。

从目前看，R290 和 CO_2 是满足基加利修正案要求的较为理想的制冷剂解决方案。在生态环境部和多边基金的支持下，我国家电行业也投入了巨大的资源进行 R600a 和 R290 技术的开发和产品的市场化。其中 R600a 在冰箱和冷柜市场已占据主导地位，R290 在空调市场的应用也打开局面，而 CO_2 在热泵、热水、采暖的市场前景广阔。

随着环保制冷剂替代的进行，原有的 R22、R410A 制冷剂逐渐淡出市场，而环保制冷剂 R32、R290 的市场份额逐步扩大；由于工质具有可燃性，压缩机配用的油品变更，制冷工质物性、适用油品、工况条件等方面也随之发生变化，因此对压缩机的可靠性要求也同步提升，在高海拔环境条件的适用性也需要进一步分析、试验和确认。

表 3-8 为现阶段常用制冷剂的主要热物理性质的对比。

表 3-8　制冷剂主要热物理性质的比较

工质	R134a	R22	R410A	R600a	R32	R290	R744
分子式	CH_2FCF_3	$CHClF_2$	—	C_4H_{10}	CH_2F_2	C_3H_8	CO_2
分子量	102.0	86.5	72.6	58.1	52.0	44.1	44.0
ODP	0	0.055	0	0	0	0	0
GWP	1430	1810	2090	20	675	3.3	1
标准沸点/℃	−26.1	−40.8	−51.6	−11.8	−53.15	−42.2	−78.5
临界温度/℃	101.1	96.2	72.13	135	78.25	96.7	31.3
临界压力/MPa	4.0666	4.974	4.95	3.65	5.808	4.254	7.39
安全等级	A1	A1	A1	A3	A2L	A3	A1

表 3-8（续）

工质	R134a	R22	R410A	R600a	R32	R290	R744
引燃温度/℃	743	635	—	460	648	470	—
可燃体积比浓度/%	不燃	不燃	不燃	1.8~8.4	13.3~29.3	2.1~9.5	不燃
可爆体积比浓度/%	不爆	不爆	不爆	1.8~9.4	12.7~33.4	2.5~8.9	不爆

2. 高海拔环境对制冷器具的影响

（1）结构强度

对于制冷压缩机，在内部压力不变情况下，高海拔地区外部气压的降低将增加壳体的承压，提高对壳体耐压的要求。如果保持压缩机壳体的材料、壁厚、结构不变，壳体结构最薄弱处的等效应力和弹性变形量将增加，而疲劳循环的寿命次数将缩减，甚至不能满足脉冲试验的要求。

以 R32 压缩机为例，在同一温度下，R32 比 R410A 的饱和压力要高出 1.5%~2.58%，由于各厂家对于产品的可靠性要求逐渐提升，R32 压缩机对壳体耐压的要求提高，需要在开发时进行必要的强度分析和计算，确保壳体、上外罩、贮液筒的耐压强度符合实际需求。同时，压力的升高对机芯内部部件的承压以及滑动部件的应力、膜厚度带来考验，需要根据实际工况条件进行详细的计算和分析。

家用空调在室外温度较低时，为保持足够的制热量，压缩机在高频下运转时间延长，运转频率的增加不仅使阀片撞击速度加快，撞击次数增加，而且使阀片的冲击力增大，导致阀片的内应力及碰撞接触应力增大，促使阀片发生塑性变形和加速裂纹的生成，阀片的疲劳工作寿命、可靠性下降，严重时会导致阀片断裂（见图 3-1）。

低温会导致润滑系统的润滑油黏度增大，流动性变差，润滑部位润滑困难，旋转阻力矩增大，轴承过度磨损，影响压缩机寿命。低温还会使橡胶、塑料机件的物理性质发生改变，如橡胶件变硬、变脆，受力时容易产生裂纹失效。同时，空调制冷装置使用的铜管在大应力、高周波工作条件

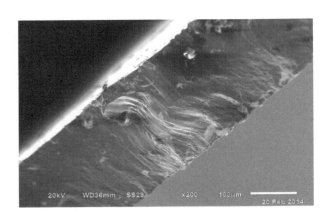

图 3-1　排气阀片断裂件表面形貌

下，容易产生疲劳开裂。材料方面的失效原因有：原材料本身晶粒粗大、氢脆、焊接温度过高造成晶粒粗大等。

（2）电气强度

对制冷空调类的家电产品而言，压缩机的密封插座是系统的薄弱环节。密封插座由金属基座、接线柱和玻璃体三部分组成。玻璃体烧结成型后，应能承受壳体内外高的压力差，且接线柱与金属基座之间要能承受2500 V以上的电压，对压缩机配用的密封插座的绝缘电阻、电气强度、爬电距离都有明确的规定和性能指标要求。

密封插座壳体的热膨胀系数约为 $12.5×10^{-6}/℃$，玻璃体的热膨胀系数为 $9.2×10^{-6}/℃$，插针的热膨胀系数为 $10.2×10^{-6}/℃$，在正常生产工艺冷却条件下，由于壳体收缩大于玻璃体，因此密封插座冷却至室温后，玻璃体受压应力作用，保证了密封插座在使用过程中始终保持密封状态。高海拔地区昼夜温差大，密封插座耐压性能和应力情况是否改变，需要通过热冲击试验和温度变化试验来考核验证。

由于玻璃体本身是脆性材料，抗拉强度较低，密封插座玻璃体内存在或大或小的气孔，有时还存在针孔、缺损、裂纹等缺陷，加之玻璃体内有较大的拉应力，在外界因素（温度、压力、冲击等）的诱发下可能导致玻璃体破裂，造成压缩机绝缘不良和制冷剂泄漏。

（3）产品性能

随着海拔高度的增加，大气压力降低，空气的密度减小，通风换气部件工作效率下降，降低了空调产品换热量及散热能力，对产品的性能和用户的舒适性产生直接的影响。

有资料显示，随着大气压的降低，空调的制冷和制热能力均有一定的衰减。海拔 1500 m 以下时，制冷量和制热量的衰减约为标准工况下的 10%；在海拔 1500 m 以上时，性能衰减大幅度增加，气压从标准大气压降低 50%，空调换热量衰减至 46%，如不进行设计改进，对用户的正常使用影响较大。

（4）安全装置

家用电器上普遍配置有压力和温度敏感元器件，用于温度和压力控制和安全防护。高海拔环境下较低的环境温度和气压可能导致热传感器、保护器元件的设定参数产生变化，影响产品的安全性能。制冷器具中压缩机的应用领域广泛，采用的工质也不同，其工况压力和温度运行范围也各异，配用的保护装置的限定电流也需要全面试验后确定，防止出现保护装置不动作、不保护现象的发生，危及产品的安全运行。

（5）制冷剂泄漏

由于高海拔地区外部环境压力降低，在内外压差的作用下，承压容器和管路的外部压力降低，制冷剂泄漏更易发生，造成制冷量（制热量）不足的故障。此外，大风引起的制冷管路的振动和共振也会加剧裂纹的产生，引起制冷剂的泄漏。

| 第四节 |
解决方案分析

一、概述

高海拔环境对家用电器的影响，一方面环境影响因素多，多因素共同作用，影响机理和产品失效模式复杂；另一方面不仅对产品安全产生影响，对产品性能、能效也会产生影响，带来性能和能效的下降问题。就安全问题而言，家用电器产品种类繁多，产品功能、结构及工作原理差异很大，不同家用电器涉及的安全问题也不尽相同，解决高海拔环境下的家用电器安全问题，是个系统性工作。以下列出部分解决方案，更多针对性、个性化的解决方案，在未来仍需进一步研究。

二、电气间隙

在正常大气条件下，空气是较好的绝缘介质，但由于高海拔地区大气压降低，空气密度降低和离子迁移能力变化，空气介电强度显著降低，严重时会发生空气间隙击穿，导致产品故障或安全事故。因此，在产品设计时应依照海拔高度的变化，对电气间隙进行修正。

随着海拔升高，电压与气压的关系如式（3-1）所示：

$$U_\mathrm{p} = U_0 \left(\frac{P}{P_0} \right)^n \tag{3-1}$$

其中，P 为运行处的气压，P_0 为标准大气压，U_p 为在运行处的外绝缘放电电压，U_0 为标准大气压下的外绝缘放电电压，n 为外绝缘放电电压随气压降低而下降的特性指数。

依照可靠性理论，相对于基准海拔高度 H 处的绝缘放电电压，在不同运行气压下电工产品的电气间隙条件系数 K 的可靠度为 0.99 的上限：

$$\hat{K}_H = \begin{cases} \left(\dfrac{U_H}{U_P}\right)^{\hat{n}_U} = \left(\dfrac{U_H}{U_P}\right)^{1.007}, & U_P < U_H \\[4mm] \left(\dfrac{U_H}{U_P}\right)^{\hat{n}_L} = \left(\dfrac{U_H}{U_P}\right)^{0.9968}, & U_P < U_H \end{cases} \qquad (3-2)$$

式（3-2）中，U_P 为运行处外绝缘放电电压，U_H 为基准处外绝缘放电电压。以零海拔高度、海拔 1000 m 和 2000 m 为例，家用电器电气间隙要求可按式（3-2）计算结果进行设计，可靠度为 0.99 的电气间隙条件系数随海拔高度的变化关系如图 3-2 所示。

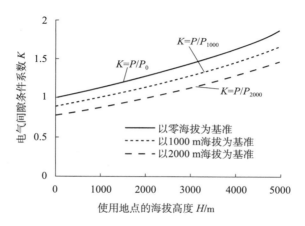

图 3-2　电气间隙条件系数与海拔高度的关系

IEC 60335-1（ed5.0）：2010 中第 29 章规定：对打算在海拔高度高于 2000 m 的区域使用的器具，表 16 中的电气间隙应根据 GB/T 16935.1—2008 中表 A.2 规定的相关系数进行增加。GB/T 16935.1—2008 中表 A.2 规定的海拔修正系数如表 3-9 所示。

表 3-9　海拔修正系数

海拔/m	正常气压/kPa	电气间隙的倍增系数
2000	80.0	1.00
3000	70.0	1.14
4000	62.0	1.29

表 3-9 (续)

海拔/m	正常气压/kPa	电气间隙的倍增系数
5000	54.0	1.48
6000	47.0	1.70
7000	41.0	1.95
8000	35.5	2.25
9000	30.5	2.62
10000	26.5	3.02
15000	12.0	6.67
20000	5.5	14.5

GB/T 20626.1—2017《特殊环境条件 高原电工电子产品 第 1 部分：通用技术要求》中规定以空气为绝缘的产品，其电气间隙的海拔修正系数值推荐选用表 3-10 中的参数。

表 3-10　电气间隙的海拔修正系数

使用地点海拔/m		1000	2000	3000	4000	5000
电气间隙海拔修正系数	以 1000 m 为基准	1.00	1.13	1.28	1.46	1.67
	以 2000 m 为基准	0.88	1.00	1.14	1.29	1.48
注 1：本表仅适用于低压产品。						
注 2：在实际使用中需要考虑风速对产品电气间隙的影响。						

三、固体绝缘

针对高海拔环境下紫外线辐照、温度和湿度等导致的绝缘材料性能退化问题，可通过数学方法，建立相关环境因素的定量模型，作为电气安全评估的必要输入条件。

一般环境下，温度 T、湿度 RH 对安全期限 η 的影响模型如式（3-3）所示：

$$\frac{1}{\eta} = a \cdot \exp\left(\frac{-b}{T}\right) \cdot RH^c \qquad (3-3)$$

式中 a、b、c 均为待定参数。高海拔环境下，考虑到太阳辐照剂量 U 的影响，复合材料绝缘性（或安全使用期限）与温度 T、湿度 RH、紫外辐照 U 之间的关系模型见式（3-4）：

$$\frac{1}{\eta} = a \cdot U \cdot \exp\left(\frac{-b}{T}\right) \cdot RH^c \qquad (3-4)$$

同时，高海拔环境下，在海拔不断升高的过程中，绝缘性能会随之降低，绝缘性能降低的速度约为 1%/100 m，因此需用绝缘修正系数 K_a 对原有模型进行修正，K_a 的计算公式为式（3-5）：

$$K_a = \frac{1}{1.1 - H \times 10^{-4}} \qquad (3-5)$$

其中，H 为海拔高度，单位为 m。

在不考虑各环境因素的影响存在交互效应的情况下，则电子电器产品安全期限 η 与各环境因素温度 T、湿度 RH、辐照剂量 U 和海拔高度 H 的关系见式（3-6）：

$$\frac{1}{\eta} = a \cdot \frac{1}{1.1 - H \times 10^{-4}} \cdot U \cdot \exp\left(\frac{-b}{T}\right) \cdot RH^c \qquad (3-6)$$

一般情况下，产品使用期限 t 服从威布尔分布，累计失效函数如式（3-7）所示：

$$F(t) = 1 - \exp\left(-\left(\frac{t}{\eta}\right)^\beta\right) \qquad (3-7)$$

其中，β 为形状参数。

因此，基于失效机理等同性原理，在威布尔分布条件下、给定可靠度 R 时，绝缘材料安全使用期 t_R 与海拔高度 H、辐照剂量 U、温度 T 和相对湿度 RH 之间存在式（3-8）的关系：

$$t_R = \eta(-\ln R)^{1/\beta} = \frac{1.1 - H \times 10^{-4}}{a} \cdot U^{-1} \cdot \exp\left(\frac{b}{T}\right) \cdot RH^{-c}(-\ln R)^{1/\beta} \qquad (3-8)$$

上述公式结合高海拔环境模型，计算得出高海拔环境下电子电器产品的安全使用期限，对照产品设计和使用要求，可作为在高海拔环境下绝缘防护材料的选用要求。

四、工频耐受电压和雷电冲击耐受电压

在高海拔环境条件下使用的家用电器，除了应符合常规性相应的产品标准要求外，还应保证产品在高海拔地区使用时有足够的工频耐压能力和雷电冲击耐压能力。在产品使用海拔与试验海拔不同时，可参照表3-11选取试验的海拔修正系数。

表3-11　工频耐受电压和冲击耐受电压的海拔修正系数表

产品试验地点海拔高度/m	产品使用地点海拔高度/m			
	2000	3000	4000	5000
0	1.25	1.43	1.67	2.00
1000	1.11	1.25	1.43	1.67
2000	1.00	1.11	1.25	1.43
3000	0.91	1.00	1.11	1.25
4000	0.83	0.91	1.00	1.11
5000	0.77	0.83	0.91	1.00

五、温升

温升对家用电器的影响较大。海拔增高，空气密度降低，使以空气对流为主要散热方式的产品散热困难，温升增加；海拔增高，环境温度降低，可部分或全部补偿因海拔升高所引起的产品温升的增加值，补偿程度需视产品的散热特点和环境温度而定。若环境温度的降低值能够补偿产品散热不良而引起的温升增加值，则使用时产品的额定容量或额定电流值可以保持不变；若产品温升的增加值不能被环境温度的降低值所补偿，则应降低容量使用或增加散热措施。对高发热电器（如电阻等），应降低额定电流值使用，或选用较高一级额定电流值的产品。

热设计是实施和实现对家用电器有效热控制的方法，热设计的具体内

容将在第 4 章中详述。

此外，在产品使用地点和试验地点的海拔高度不同时，可按表 3-12 对产品温升限值进行修正。当试验地点的海拔低于使用地点时，温升限值为相应产品标准规定的温升限值减去表 3-12 中规定的修正值；当试验地点的海拔高于使用地点时，温升限值为相应产品标准规定的温升限值加上表 3-12 中的修正值。计算海拔差时，低于 2000 m 的海拔不作修正，试验的温升不应超过规定的限值。

表 3-12　温升限值的海拔修正值

使用或试验地点的海拔高度 H/m	$\Delta\tau/K$
$H = 2000$	0
$2000 < H \leqslant 2500$	2
$2500 < H \leqslant 3000$	4
$3000 < H \leqslant 3500$	6
$3500 < H \leqslant 4000$	8
$4000 < H \leqslant 4500$	10
$4500 < H \leqslant 5000$	12
注：本表的依据为海拔每升高 100 m，环境温度降低 0.5 ℃。 $\Delta\tau$——温升限值的海拔修正值。	

六、接地

针对接地装置/系统受到腐蚀而引起失效的问题，可通过数学方法，建立相关环境因素的定量模型，作为电气安全评估的必要输入条件。公式（3-9）给出了基于失效机理等同性原理，在威布尔分布条件下、给定可靠度 R 时的建筑接地金属结构安全使用期 t_R 与土壤含氧量 O、酸碱度 pH、含盐量 S 之间的关系模型。通过该模型，可预测在土壤含氧量、酸碱度和含盐量等环境因素影响下的建筑接地装置和系统的安全使用期限，为建筑或物业管理部门及时检修或更换接地系统提供依据。

$$t_R = \eta \ (-\ln R)^{\frac{1}{\beta}} = a\left[\,(1-b)\,O+b\,\right]^{-1} \cdot \left[\,(1-d)\,S+d\,\right]^{-1} \cdot 10^{-c(1-pH)} \cdot (-\ln R)^{\frac{1}{\beta}}$$

$$(3-9)$$

式中：η 为特征安全期参数，β 为威布尔分布形状参数，a、b、c、d 均为待定参数。

七、外形和密封

低气压会使有腔体的产品内外压差增大，引起外壳变形，甚至爆裂，导致气体或液体从密封容器结合处向外泄漏，或外部液体或气体向内部渗入。因此，用于高海拔地区的密封性产品要适当调整密封体内压力，并通过低压试验检查有无开裂、变形或泄漏。

同时，家用电器在高海拔地区户外使用时，不可避免会遇到由沙尘引起的问题。针对此类问题，需要对箱、柜门沿等部位，增加密封条或更换性能更优的密封条；对柜内设备部件需定时使用吸尘器吸尘并使用风机吹扫。对于已经渗进沙粒的箱柜，必要时需对箱柜内部的设备部件进行拆解清洁，并将密封不良的箱柜更换为密封性能更优的箱柜，或对原有箱柜维修改造升级，以满足在此类环境下对产品防风沙、防水性等性能的要求。

八、材料

与平原相比，高海拔地区日照充足、紫外线辐射较强，昼夜温差大，会使材料发生老化和物理化学反应，如：外露橡胶件更易于老化，失效速度加快，绝缘损坏等；油漆易起包、脱落。低温易使暴露在空气中无热源的金属和非金属零部件产生冷脆现象，家用电器在储存、运输和使用过程中，其结构件易因材料的低温脆性而损坏，影响工作的可靠性。

因此，对于在高海拔地区使用的家用电器，选用的材料应符合高海拔地区使用条件的可靠性和寿命要求，具有较强的抗热辐射、抗紫外线、抗低温、抗低压能力，结构性能稳定，并采取必要的防护措施，以满足在高海拔环境极端低温条件下正常工作的要求。

九、环境试验技术

电器产品在高海拔地区和平原地区的安全测试也会存在一定差异，即同一个产品在高海拔地区和平原地区分别测试，某些技术指标会存在较大差异。因此，可通过环境试验的方式，用来模拟和评估高海拔实际使用环境对产品的影响，另一方面也可以通过改进产品设计，提高产品的环境适应性。具体环境试验条件、试验方法及相关标准参见本书第七章。

第四章

高温高湿环境下的家用电器安全

| 第一节 |
安全影响因素

一、高温的影响

家用电器在正常使用过程中，其内部的电子元器件，如电阻器、电容器、绕组（变压器和电感线圈）、半导体器件（尤其是大功率器件）都要消耗电能，其中一部分以热能的形式向外散发，使设备各个部分的温度不同程度地升高。热量的传递方式主要有三种：热传导、热对流和热辐射。所有温度高于绝对零度的物体都会向周围发出热辐射，并同时吸收周围环境其他物体发出的热辐射。辐射与吸收过程的综合结果造成了以热辐射方式进行的热量传递。当环境温度较高时，家用电器吸收外界的热辐射增加，其通过热对流或热传导向周围环境的散热则减少，会导致家用电器中元器件的温度升高。当温度超过绝缘材料所能承受的温度时，可能导致绝缘材料软化、变形，产品的安全绝缘性能下降或失效，以至引发电击危险等。另外，过高的温度还会导致对人体的灼伤或引起着火等危险。

二、高湿的影响

高湿条件下，由于水气吸附、吸收和扩散作用，许多材料在吸湿后膨胀，性能变差，强度降低，导致机械性能和电性能下降。高湿对家用电器安全性能的影响主要表现在：

（一）对绝缘性能的影响

由于绝缘材料吸湿及表面凝露等作用，使得材料的抗电强度降低，其主要表现为绝缘漏电流增加。有的 IEC 安全标准考虑到自然气候条件的复杂环境情况，明确规定对于热带地区销售、使用的家用电器，进行湿热预处理的时间从普通气候条件下的 48 h 延长到 120 h，其主要原因就是考虑到湿热环境对家用电器绝缘材料的影响，以及影响时间的累计效应。

（二）对安全电压限值及允许的接触电流限值的影响

流经人体的电流大小取决于接触的电压和人体阻抗。人体阻抗由皮肤阻抗和人体内阻抗组成，但人体阻抗的大小主要取决于皮肤阻抗的大小。在接触电压 50 V 以下时，皮肤阻抗值受接触表面积、湿度、呼吸等的影响而变化。在润湿的接触面所测得的阻抗值比干燥状态下降低 10% ~ 25%；而导电溶液润湿的接触面的阻抗为干燥状态下的 50%。

在潮湿条件下，物体表面会形成导电溶液润湿的接触面。在这种条件下，人体阻抗会降低为干燥条件下的一半。人体阻抗的降低意味着允许接触的电压限值（安全电压）降低，只有这样，才能使在人体产生的接触电流不超过感知/反应阈值。

对于家用电器来说，在高湿气候条件下所受的影响更大。在湿热条件下使用的家用电器，在绝缘材料的选用和安全电压的设计时应有更高的要求。比如一些 IEC 标准中，在热带气候条件下使用的家用电器，其接触电流或相关电压的限值都较常规情况降低。如 IEC 60335—1（ed6.0）标准在附录 P 的 13.2 和 16.2 将电流限值减少到 0.5 mA，IEC 60065 标准的9.1.1 规定相关的电压减少一半。

三、湿热叠加的影响

家用电器在贮存、运输和工作期间受到不断变化的空气温度和相对湿度的影响。湿热试验的目的就是确定家用电器在湿热环境下的适应能力，特别是考核它的电气和机械性能的变化。湿热环境对家用电器可产生如下物理现象：

（一）吸附现象

当家用电器表面温度高于露点温度时，水蒸气分子依附到家用电器表面上称为吸附。在湿热试验中，吸附在样品上的水蒸气量是温度和压力的函数。一般来说，温度越低，压力越高，则吸附量越大。

（二）凝露现象

凝露实际上是水分子在家用电器上吸附的一种现象。在交变湿热试验升温阶段，家用电器表面温度低于周围空气露点温度时，水蒸气便会在家用电器表面凝结成液体并形成水珠。这种表面凝露量的多少取决于家用电器本身的热容量大小以及升温速度和升温阶段的相对湿度。在交变湿热的降温阶段，封闭外壳的内壁比壳内空气降温快，因此也会出现凝露。

（三）扩散现象

扩散是分子运动的一种物理现象，在扩散过程中，分子总是从浓度大的地方向浓度小的地方迁移。湿热试验中水蒸气向浓度低的材料内部扩散，扩散系数与材料活化能及温度有关。由此可见，温度试验中由扩散引起的潮气侵入除了取决于试验条件中的绝对湿度与温度外，还与产品的材料有关。

（四）吸收现象

吸收是指水蒸气与空气混合后通过材料的间隙进入材料内部，它可以由扩散、渗透或毛细管凝结三种物理过程综合形成。扩散与渗透除了与试验中湿度温度有关，还与材料的扩散或渗透系数有关。毛细管凝结与毛细管的大小形状及产品材质有关。

（五）呼吸现象

有空腔的产品，当试验温度变化时，空腔内的压力随之变化。由于这种压力变化引起空腔内外空气的交流，称为呼吸作用。在交变湿热的升温阶段，这种呼吸作用是由空腔向外流，而在降温阶段，这种呼吸作用是向空腔内流。这种呼吸作用进入空腔内的潮气量除与空气中的湿热程度有关外，还与试验条件的温度变化速率及温度变化范围有关。

上述几种物理现象在湿热试验中是综合作用在试验产品上的。如升温阶段的凝露是使产品表面吸潮的主要原因；高温阶段的扩散、吸收是使产品吸潮的主要原因；而在降温阶段，凝露、呼吸作用将会在一定程度上使潮气进入产品空腔内部。

| 第二节 |
故障模式和原因分析

一、温度导致的失效

温度应力引起的典型失效模式如表 4-1 所示。温度不仅可以单独作为一种应力作用于家用电器而影响产品的性能，还能与除湿度以外的电压、电流、机械应力等综合作用于产品上。对于温度本身而言，1889 年，瑞典物理学家阿伦尼斯（S. T. Arrhenius）发现了速度常数 K 的对数（$\ln K$）和绝对温度 T（$273+t$℃）的倒数（$1/T$）之间存在线性关系，这个关系作为反应速度理论，在故障解析时，对物质之间的化学反应解析及在加速系数的推算时被广泛应用。

Arrhenius 模型被广泛应用于与温度应力有关的应力加速寿命老化试验中。在讨论产品寿命时，一般采用"℃规则"的表达方式。具体应用时表达为"10 ℃规则"，也就是当周围环境温度上升 10 ℃时，产品寿命就会减少一半；当周围环境温度上升 20 ℃时，产品寿命就会减少到四分之一。这种规则简洁地说明了温度是如何影响产品寿命（失效）的。因此，人们也利用升高环境温度的方法，以加速失效现象发生，从而进行各种加速寿命老化试验。

表 4-1　温度应力引发失效主要类型

大分类	中分类（原因）	失效模式	环境应力条件	敏感元件和材料
高温老化	老化	强度老化、绝缘老化	温度+时间	塑料、树脂
	化学变化	热分解	温度	塑料、树脂
	软化、熔化、汽化、升华	扭曲	温度	金属、塑料、热保险丝
	高温氧化	氧化层的结构	温度+时间	连接点材料
	热扩散（金属化合物结构）	引线断裂	温度+时间	异金属连接部位
中级破坏	半导体	热点	温度、电压	非均质材料
热积聚燃烧	（剩余的热燃烧）	燃烧	加热+烘干+时间	塑料（例如带有维尼龙和聚氨酯油漆的木质芯片）
穿刺	内在的 非内在的	短路、绝缘性差 短路、绝缘性差	高温（200 ℃~400 ℃） 高温（400 ℃~1000 ℃）	银、金、铜、铁、镁、镍、铅、钯、铂、钽、钛、钨、铝 铜、银、铁、镍、钴、锰、金、铂的卤化物
迁移	电迁移	断开引线断裂	温度（$0.5T_m$）+电流（密度为 $10^6 A/cm^2$）	例如钨、铜、铝（特别是集成电路中的铝引线）
蔓延	金属 塑料	疲劳、损坏 疲劳、损坏	温度+应力+时间 温度+应力+时间	弹簧、结构元件 弹簧、结构元件
低温易脆	金属 塑料	损坏 损坏	低温 低温+低湿度	体心立方晶体（例如铜、钼、钨）和密排立方晶体（例如锌、钛、镁）及其合金 高玻璃化温度（例如纤维素、乙烯氨） 低弹性的非晶体（例如苯乙烯、丙烯酸甲酯）
焊剂流动	焊剂流粘到冷金属表面	噪声、连接不实	低温	特别是连接到印刷电路板上的元件（例如开关、连接器件）

二、湿热环境导致的失效

湿热环境引起的典型失效模式如表4-2所示。潮湿作为导致家用电器失效的主要环境应力之一，高温高湿条件下会发生水气吸附、吸收和扩散作用。许多材料在吸湿后膨胀、性能变坏、引起物质的强度降低及其他机械性能的下降，同时吸附了水气的绝缘材料会引起电性能下降。

表4-2　湿热环境所引起的主要失效现象

一般分类	失效分类或原因	失效模式	所使用的环境条件	敏感元件和材料
水气吸附吸收	扩散/绝缘性能变差/潮解 水解 微细爆裂（细线爆裂、吸气）	膨胀 绝缘性能变差 潮解 化学变化 湿气渗透/绝缘性变差/潮解	湿度 温度+湿度 湿度/冷热冲击+湿度/温度循环+湿度/温湿度循环	使用低结晶度的极性树脂、封装/覆盖或构造元件 聚碳酸酯、聚酯、聚甲醛、对苯二甲酸丁二酯 用树脂覆盖或者封装元件
腐蚀	电池腐蚀/电解腐蚀 裂隙腐蚀 应力腐蚀爆裂 氢脆化	颜色变化/阻抗增加 开路 破坏	湿度+与外金属接触所形成的电势 湿度+直流电场 氨（铜合金）/氨化物（不锈钢） 金属板酸浴	连接0.2 V电势的连接器 电阻、封装集成电路的树脂爆裂（例如终端） 合金（例如铜、镍、银、不锈钢）钢
迁移	离子迁移	短路 绝缘性能变差	湿度+直流电场 湿度+直流电场+卤素离子	铋、镉、铜、铅、锡、锌、银 当与卤素共存时，发生迁移的金属：金、铟、钯、铂
霉菌	无	绝缘性能变差/质量变化/分解腐蚀	温度（25 ℃~35 ℃）+湿度（最小为90%）	塑料材料（如聚氨酯、聚氯乙烯、环氧树脂、丙烯酸树脂、硅树脂、聚酰胺等）

在实际的湿热使用环境中，由于构成产品的材料相互间的热膨胀系数不同，从而会产生物理结构上的扭曲变形，其结果造成膨胀率不同的材料界面产生了空隙；即使使用同一材料，所使用的密封材料自身也会发生龟裂的情况。通过这些空隙在较短时间内进入的水分，或者经过长时间从整体所渗入的水分，会溶解连接通路构成材料表面的各种污染物质，从而使得回路中的构成材料发生化学反应。另外，电流和电场/磁场对此类化学反应有助推作用，且此类化学反应受温度的影响很大，在物理作用和化学反应按顺序或同时反复形成复合应力作用，导致产品功能劣化。这是家用电器发生故障的主要原因。具体而言，产品失效现象有如下典型的类型：

（一）塑封半导体器件腐蚀而引起的失效现象

在硅片上集成有大量电子元件的集成电路芯片及其元件通过铝导线连接起来构成电路。从进行集成电路塑封工序开始，水气便会通过环氧树脂渗入而引起铝金属导线产生腐蚀，进而产生开路现象，塑封铝金属导线的腐蚀问题至今仍然是电子行业非常重要的技术课题。铝线中产生腐蚀的过程如下：

（1）水气渗透入塑封壳内→湿气渗透到树脂和导线间隙之中；

（2）水气渗透到晶片表面引起铝化学反应。

铝金属导线腐蚀反应随着是否施加偏压而变化。加速铝腐蚀的因素包括：

（1）树脂材料与晶片框架接口之间连接不够好（由于各种材料之间存在膨胀率的差异）；

（2）封装时，封装材料掺有杂质或者杂质离子的污染（由于杂质离子的出现）；

（3）非活性塑封膜中所使用的高浓度磷；

（4）非活性塑封膜中存在缺陷。

（二）电路板离子迁移所产生的失效

家用电器的高性能、长寿命等要求，使集成电路卡（IC）的集成度越来越高，引脚的密度间距越来越小，从而对印刷电路板生产中线宽、线间距及孔径等的工艺要求越来越严苛，导致了湿热环境下产生离子迁移（也称为电化学迁移）的问题成为不可回避的重要课题。离子迁移的产生机制主要是：当印刷电路板吸收电路引线间的湿气后，加上偏压时阳极金属产生电离并向阴极方向移动，电离金属则呈树枝状向阳极扩展。如果所电离的金属到达阳极，金属线之间将会出现短路，从而造成绝缘性能降低。产生离子迁移的加速因素包括：

（1）印刷电路板金属线之间有湿气吸收或水汽凝结；

（2）印刷电路板的温度变化；

（3）所施加的偏压过大或者偏小；

（4）金属线或孔之间的距离；

（5）外部电离的物质，例如卤素或碱附着到印刷电路板的表面。

| 第三节 |
案例分析

下述内容是部分在高温高湿地区使用空调器的具体故障案例。

一、腐蚀生锈

问题：某空调室外机在沿海地区使用一年左右，网罩生锈（见图4-1）。

原因分析：空调室外机其余外观喷涂件无异常，仅网罩出现脱层生锈问题。经核实，该问题系空调室外机长期处于高温高湿环境且有腐蚀性酸雨，加之网罩喷涂质量差，耐腐蚀性不强所致。

图 4-1　腐蚀生锈案例示意图

解决方案：可喷漆处理。

二、外壳凝露

问题：某地区使用的吸顶嵌入式空调频繁出现凝露滴水现象。

原因分析：

（1）建筑物内部吊顶后，吊顶上部空间基本呈封闭状态而且温度很高。如图 4-2 所示，吸顶嵌入式空调的主体安装在吊顶上部空间，主体与环境温差可达 20 ℃～30 ℃，因此凝露滴水现象极易产生，尤其是在春季和夏季的暴雨天气，滴水现象更加明显。

（2）产品所安装地区在沿海城市，常年高温高湿，夏季气温可达 40 ℃～44 ℃，常年湿度在 75%～95%，这种气候条件也非常容易产生凝露。

解决方案：在易出现凝露的表面粘贴海绵，防止凝露。

图 4-2　外壳凝露案例示意图

三、绝缘电阻降低

问题：某空调出现代码故障。

原因分析：在高温高湿环境下，采样电阻内部发生银迁移造成绝缘阻抗降低，导致采样异常，出现代码故障。片式电阻内部的结构及生产工艺决定了其存在银迁移导致阻值下降的失效模式。抗硫化贴片电阻的面电极（一般为银钯合金）材料是金属导电体，二次保护包裹层是非金属不导电体，由于贴片电阻表面的二次保护层和端电极不是严密缝合的，且在制造焊接过程中易受外界机械应力影响，电极部分容易暴露于空气中，高温高湿下气体、水气等分子能够轻易进入。银离子的迁移会导致相互绝缘的导体间形成旁路，造成电阻绝缘下降甚至短路。

解决方案：采用通风或其他措施改善外部安装环境，减少银迁移发生。

四、集成电路电迁移

问题：随着 IC 集成度的提高，电路中互连引线、焊点之间的距离变得更近，电流密度也越来越大。在工作电应力与环境条件的共同作用下，IC 中极易发生金属的电迁移。

原因分析：在直流电流作用下，金属原子沿着电子运动方向进行迁移的现象就是电迁移（EM）。电迁移使得 IC 中的互连引线在工作过程中产生断路或短路，从而引起 IC 失效，如图 4-3 所示。具体表现为：（1）在互连引线中形成空洞，增加了电阻；（2）空洞长大，最终贯穿互连引线，形成断路；（3）在互连引线中形成晶须，造成层间短路；（4）晶须长大，穿透钝化层，产生腐蚀源。

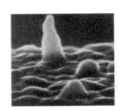  

（a）丘状晶须形成　　　（b）晶须桥接导致短路　　　（c）迁移孔洞导致断路

图4-3　电迁移案例示意图

解决方案：在设计时优化集成电路布局，降低电流密度与工作温度，生产时严格控制工艺并加强检测，使用时尽量避免高温高湿环境。

| 第四节 |
解决方案分析

家用电器在湿热环境中，其性能及安全性受到严重影响，需要在产品研制过程中，从设计和试验两个方面开展工作，从而保证家用电器在湿热环境中的使用安全。一方面，针对产品使用的湿热环境，开展三防设计和热设计等，从根本上提高产品耐受湿热环境影响的能力；另一方面，通过开展湿热环境试验，暴露出产品设计阶段的薄弱环节，进而对其进行改进。

一、三防设计

（一）概述

在业内，三防设计是指防潮湿、防盐雾、防霉菌设计。潮湿、盐雾和霉菌会降低材料的绝缘强度，引起漏电、短路，从而导致电气故障和事故。因此，必须采取措施防止或减少环境条件对产品可靠性的不利影响，保证产品工作中的各项性能，提高产品在恶劣环境中运行的可靠性和安全性。三防设计是家用电器在各种不同的环境中正常运行的重要保证，产品开发研制时即应从电路设计、材料应用、结构设计和工艺技术等诸方面进行系统性的三防设计。

提高家用电器的三防设计水平，除了要提高家用电器本身的耐候性，还可以对家用电器内部结构进行合理的设计，提高薄弱部件的环境适应性，从而提高整个产品的可靠性。可以通过以下方法对家用电器的三防能力进行改进。

（1）选用合适的材料。选用环境适应性更好的元器件，尽量选用通过认证的元器件，并考虑其认证时的使用寿命、使用环境温度和污染等级的要求，还要考核元器件是否容易受到污染、机械冲击、跌落的影响。

（2）合理的结构布局。如对环境敏感的 PCB 板和电子元器件要使其远离热源，放置在不易受到潮气影响的部位，且最好能有单独的密封包装；结构设计使家用电器内部不会有污染物进入，能够有效地排出进入产品内部的水分，使带电部件远离污染物的堆积，加大各种绝缘的电气间隙和爬电距离。

（二）三防设计技术

1. 防湿热技术

当环境温度大于 35 ℃，湿度大于 80% 的时候，常常会对家用电器产生重要影响，使其金属构件开始腐蚀，表面防护涂层开始有气泡、剥落现象，材料也会出现变形、膨胀等问题。如果产品的材料选择不恰当，还会使绝缘电阻大大降低，引发漏电和运行故障。

针对这些问题，可以从以下几个方面对家用电器进行防湿热设计：

（1）采用喷涂、浸渍、灌封、憎水等工艺对重要器件进行防水处理。

（2）采用吸湿性较低的元器件和结构材料。

（3）对局部防潮要求高的器件采用密封结构。

（4）改善整机使用环境，如采用空调、安装加热除湿装置等。

（5）对线路板表面浸涂丙烯酸膜层保护剂或硅胶树脂膜层保护剂，避免潮气侵入。

（6）采用耐腐蚀、防霉和防潮的材料。

（7）避免使用已发生腐蚀的异种金属材料。

2. 防盐雾技术

沿海地区空气湿度大、含盐密度较高，盐雾中所含的氧离子对金属外壳具有很强的腐蚀性，会加快家用电器中电子电器部件的腐蚀速度，对部件产生巨大的破坏。另外，盐溶液导电性使电阻大大降低，会导致电子产品发生短路现象。还有，空气中很多有害物质和空气相结合，会形成酸碱性气体，对电子产品也有很强的腐蚀性，大大降低了产品的绝缘性能。防止产品受到盐雾不良侵蚀可采用如下方法：

（1）采用密封结构

对于需要室外安装的家用电器，其外壳应采用热镀锌板和不锈钢板。

对于一些大功率的家用电器，可以采用水冷方式，避免因风道设计造成的防护等级降低的情况，使电气器件工作在一个密封的柜体中，减少盐雾的侵蚀。

（2）采用盐雾能力强的材料和工艺

紧固件及其他配件，采用不锈钢材质。

在设备安装时，可在导电端子搭接处的接触面涂敷导电膏，可以有效地抗盐雾腐蚀。

硅胶绝缘子取代瓷绝缘子。在强电场作用下，瓷绝缘子上的沉积物被电离，形成导电性薄膜，产生电晕放电，使瓷绝缘子表面温度不均匀升高，从而导致绝缘子爆裂。而硅胶绝缘子体积小、重量轻、耐污性能好、不需零值测量，所需的爬电距离比瓷和玻璃绝缘子平均减少30%。

关键的金属结构件，采用热镀锌板或不锈钢板，增强防盐雾腐蚀能力，提高机械使用寿命。

3. 防霉菌技术

在气候温暖、潮湿的南方，霉菌繁殖速度非常快，霉菌分泌物不仅会影响家用电器的外观，而且所产生的有机酸会对表面涂层造成很强的侵蚀，使产品性能下降。建议从以下几个方面进行防霉菌设计：

（1）通过控制环境条件抑制霉菌生长。例如采用防潮、通风、降温等措施，在机体内部关键的位置使用防霉涂层和封装防霉剂。经过完善的防霉处理的家用电器能够在平均温度为 30 ℃、湿度为 80% 的环境中持续 3 年抑制霉菌生长。

（2）采用抗霉材料。如无机矿物材料不易长霉。

（3）防霉包装，对内装物进行防潮，以降低包装容器内的相对湿度，并对包装材料进行防霉处理等。

（三）三防处理技术的应用

1. 传统涂覆工艺及材料

在设计家用电器时，材料在满足结构、电子等技术要求基础上，应综合考虑材料自身的使用性能。以电子产品为例，三防处理技术的涂覆方式有三种：喷涂、刷涂和浸涂。

（1）喷涂。在使用范围上喷涂技术是最为广泛的，它操作简便，比较适合应用在元器件排列不密集、局部防护不多的产品中。在常温下，涂料黏度应该在 16 Pa·s~22 Pa·s。如果黏度很高，产品表面就会出现凹凸不平的现象；如果太低，涂料非常容易渗透到防护胶带内，失去防护功效。有一些元器件禁止涂覆，对于这种元器件，在喷涂过程中，要做好防护工作，避免涂层表面被玷污，对产品的质量产生影响。

（2）刷涂。刷涂比较适用于规模小、组装密集、结构复杂的家用电器。刷涂可以有效控制不需要涂层的部分。刷涂所耗费的原料也很少，有效降低了产品成本。需要特别指出的是，在刷子的选择上要非常严格，避免刷毛脱落后粘在产品表面，使产品发生短路现象。

（3）浸涂。浸涂是把制好的涂料倒入容器内，再把产品配件放入容器内，等到表面不再起气泡后，用专门的工具取出，再用泡沫棉把边缘的涂料擦掉，最后进行烘干处理。在进行涂覆的过程中，对于不需要涂覆的部位，要用防护胶带进行遮蔽，比如插头、开关等。

2. 三防新技术、新材料、新工艺

传统的三防工艺主要是以刷、喷、浸的涂覆方式将三防材料涂覆到产品表面，形成保护层。材料多为具有三防性能的清漆、油漆，实施工艺简单，依靠人工或简单设备即可实现。但其产品的精度和可靠性也会随着工艺、设备、人员的条件呈现较大差异。

在新技术快速发展的今天，现代三防技术从基础理论到工程应用，从产品三防设计到最终的试验验证都发生了重大变化，新材料、新工艺的应用成为三防技术发展的方向，三防材料向着复合型、智能型、环保型方向发展，同时采用新技术、新工艺、新设备可以保障批量生产的自动化、一体化、环保化要求。

（1）真空镀膜技术

真空镀膜技术是当代最先进的表面工程技术之一，不同于传统溶剂型材料的液态附着干燥后形成膜层的涂覆过程，而是通过镀膜设备的作用，将镀膜材料分解成小的粒子直接在产品表面成膜。这种膜层细密均匀，结合力强，硬度高，防腐耐磨，可在各种固体形状表面涂镀膜层，并可对膜材料和膜成分进行大范围调整，从而获得很多其他方法难于或无法得到的特殊表面。根据作用原理的差异，可分为气相沉积法镀膜、等离子镀膜、阴极电弧镀膜、磁控溅射镀膜等。

（2）纳米材料

纳米材料具有许多常规状态下材料难以比拟的优点，因此把纳米技术应用于三防材料中是获得某些特殊防护性能的途径。例如，纳米级二氧化钛具有良好的抗紫外线、抗菌的特性，加入它的三防材料也会具有良好的耐受紫外线的功能，从而达到产品抗紫外线防护的功能。

（3）氟碳涂料

氟碳涂料是采用氟树脂为主要基料，加入颜料、固化剂（热熔型有时不需要）、助剂、溶剂等配制而成的超耐久性的涂料，被称之为"涂料王"，在国外已有近 30 年的应用历史，具有比一般涂层材料优异的耐酸、耐碱、抗腐蚀、耐候性和摩擦系数小，憎水、憎油的性能特点。氟碳涂料包括热熔型（需要在高温下涂装，适用于金属材料），共聚型（双组分溶液，溶剂调节，常温固化，可采用喷、浸、刷涂），水性型（水性溶液，常温固化，可采用喷、浸、刷涂，更加环保），粉末型（粉末状，涂装方式为无气喷涂）。

（4）选择性涂覆

选择性涂覆是利用选择性涂覆设备，在电脑程序的指引下，由设备自动完成涂覆过程，最大限度地避免了人为因素的影响，可应用于各种不同类型的涂覆材料，包括 100％固态印制电路板及其他基片的敷形涂覆；对特殊形状的元器件，可选择不同角度进行涂覆；它具备高度的分辨率和精准的重复性，能在很小范围内控制涂敷距离和胶液涂敷量；可精确控制很近的非涂覆区域。

（5）UV 固化技术

UV 固化是利用紫外线进行材料固化的工艺。其优点一是固化时间短，提高生产效率；二是由于快速固化，涂层均匀，成型好；三是 UV 三防材料不含溶剂，涂覆过程污染小。

二、热设计技术

（一）概述

据统计，55％的家用电器失效是由温度过高引起的，过热损坏已成为家用电器的主要故障形式。同时，随着技术的持续快速发展，元器件日趋小型化，而功耗却越来越高，使组件和设备的热流密度急剧增大。若不采取合理的热控制技术，会严重影响电子元器件和家用电器的可靠性。

因此，降低元器件的环境温度对于提高其可靠性有明显的作用。温度升高使半导体器件故障率的增加呈指数上升，导致正温度系数电阻器的实际功率下降，电容器的使用寿命下降。例如很多小型家用电器是电加热产品，内部空间较小，布局较为紧凑，产品工作时内部温度会很高，尤其是靠近发热元件的 PCB、电源控制 PCB 板的温度相对较高。在不改变产品工作原理的前提下，如何有效地降低 PCB 板、电子元器件的环境温度，使温度敏感元件远离发热部件，就成为热设计的首要目标。另外，当整机设计有冷却系统，如水冷、风冷时，如何保证冷却系统具有良好的冷却效果和高可靠性也很关键。

对家用电器进行热设计，实施有效的热控制是提高产品可靠性的关键。目前，协助热设计并验证热设计效果的方法有两种：热测量和热分析。其中，热测量能准确得到温度分布，但必须建立样机模型，且改进热设计的代价也较大；热分析采用数学手段，在设计初期就能发现产品的热缺陷，改进其设计，可大大缩短产品的开发周期，可为提高产品设计的合理性和可靠性提供有力保障。

（二）设计的目的及原则

随着集成电路、半导体等电子技术和元器件在家用电器上的应用越来越多，其散热问题日益突出。热设计是家用电器结构设计中的重要内容，可为产品中芯片级、元件级、组件级等提供良好的热环境，保证它们在规定的热环境条件下，能按预定的方案正常、可靠地工作。热设计的基本原则是用较少的冷却代价获得高可靠性的产品。具体要求如下：

（1）热设计应与电气设计、结构设计等同时进行，使热设计、结构设计、电气设计等相互兼顾，当出现矛盾时，应进行权衡分析，寻找最优方案；

（2）热设计应当遵循相应的国际标准、国家标准以及行业标准；

（3）热设计应能满足产品的可靠性要求，确保设备内的元器件均能在设定的热环境中长期正常工作，设备中关键的部件或器件，即使在冷却系统某些部分遭到破坏或不工作的情况下，应具有继续工作的能力；

（4）选择的每个器件的参数、安装位置和方式必须满足散热要求；

（5）在规定的使用期内，冷却系统的可靠性应比元器件的可靠性高；

（6）在热设计中应留有相应的设计余量，避免设备使用过程中因操作模式发生变化而引起热消耗及热流阻力的增加，但从经济性角度考虑，也不能无目的地增加设计余量，在满足设备使用要求的情况下尽量采用一些经济实用、可靠性高的冷却方式，比如自然对流、低转速风扇等。这些冷却方式不但结构简单、可靠性高，而且体积小、成本低，同时，冷却系统应便于监控与维护。

（三）热设计技术

通常，热设计包含热分析、热控制、热测试三项工作，其目的是针对产品的耗热元件以及整机或系统，采用合适的冷却技术和结构设计，对它们的温升进行控制，从而保证产品或系统正常、可靠地工作。鉴于电子设备热设计问题在保证军用、民用电子设备的性能及可靠性方面的重要性和广泛适用性，以及在设备微型化中的关键作用，美国于 20 世纪 70 年代开始投入人力、物力进行相关研究，并颁布了一系列有关电子设备热设计、热测试的规范，明确规定从方案论证阶段就应分析过热引起的各种后果和危险程度，提供最佳热设计方案，并要求在整个设计过程中，电子设备设计工程师、热设计工程师和可靠性工程师要相互制约，密切合作，将热管理贯穿电子系统和设备设计的全过程。

热设计中的两个重要要求是：

（1）预计各器件的工作温度，包括环境温度和热点温度；

（2）使热设计最优化，以提高可靠性。

随着计算机软、硬件技术的发展，热管理技术精度越来越高，成本越来越低，在提高产品可靠性和使用安全性方面正发挥越来越重要的作用。

1. 热分析技术

热分析技术，是利用数学的手段在产品的概念设计阶段获得温度分布的方法，使设计人员在设计阶段就能发现产品的热缺陷，从而改善其设计。

热分析以传热学和流体力学作为最基本的理论基础。传热学主要研究热量传递的基本形式、传热机理以及传热计算方法等，包括热传导、热对流、热辐射；流体力学主要研究流体流动特性和流动时阻力计算等，包括质量守恒、动量守恒、能量守恒三大定律。进行热分析时，第一步先对守恒定律方程进行微积分，接着对微积分方程进行求解得到温度场的分布。由于对微、积分方程采取不同的求解方式，结果就会产生两种不同的分析方法：解析法和数值法。

对于解析法，建立电子元器件、印制电路板的传热微分或积分方程是解析法的首要条件，接下来再求解微、积分方程，得到元器件、印制电路板温度分布的数学解析解。因为大部分的传热方程都是高阶偏微分方程，到目前为止求解这种方程还存在相当困难，所以解析法只能求解一些简单的问题。

数值法是以计算机为辅助工具，以离散数学、数值计算法为理论基础的一种热分析方法。在进行热分析时应首先建立微、积分方程，并对方程进行离散化，换句话说，需要将求解的对象划分成许多小的单元和节点，然后再求解这些有限的离散点上的温度，避免了求解物体内部随空气和时间连续分布的温度。由于计算传热学的发展和计算机的广泛应用，数值法已成为目前最常用的研究温度分布的方法。热分析软件在求解温度分布时考虑了诸多因素，例如部件几何尺寸、分布状态、周围的环境条件、导热材料的传热系数等。可以被高效、快速地应用在产品的热设计、热分析中。目前在工程技术领域内常用的数值法有：有限元法、边界元法、有限差分法、有限体积法。

有限元法的数学基础是广义变分原理。它的基本思想是将物体（即连续的求解域）离散成有限个单元，这些单元按一定方式相互连接组合在一起，来模拟或逼近原来的物体，从而将一个连续的无限自由度问题简化为离散的有限自由度问题求解的一种数值分析方法。它能对复杂的几何形状进行求解，允许局部加密网格，计算精度较高，但会占用大量的计算机运算资源，处理时间相对较长。

边界元法是继有限元法之后开发的一种新的数值方法，它的基本思想是在定义域的边界上划分单元，用满足控制方程的函数去逼近边界条件。与有限元法在连续体域内划分单元相比，具有单元个数少，数据准备简单等优点。但是如果用边界元法解决非线性问题时，这种积分在奇异点附近将会出现强烈的奇异性，使求解遇到困难。

有限差分法的物理基础是能量守恒定律，从已有的导热方程和边界条件求解其差分方程。有限差分法求解导热问题的基本思想是把求解物体内温度随空气和时间连续分布的问题，转化为求在时间和空间领域中有限个离散点上的温度。由这些离散点上的温度值去逼近连续的温度分布。它的数学基础是用差商代替导数，算法简单、灵活，求解速度较快，缺点是不能适应复杂的几何图形，并且在计算时要求网格分布规则。

有限体积法（又称控制容积法），是将计算区域划分为一系列不重复的控制体积，并使每个网格点周围有一个控制体积；将待解的微分方程对每一个控制体积积分，便得出一组离散方程。有限体积法得出的离散方程，要求因变量的积分守恒对任意一组控制体积都得到满足，对整个计算区域，自然也得到满足。有一些离散方法，例如有限差分法，仅当网格极其细密时，离散方程才满足积分守恒；而有限体积法即使在粗网格情况下，也显示出准确的积分守恒。目前大多数热分析软件采用的就是有限体积法。

总体来讲，数值法的基本思路主要包括：

（1）采用网格划分技术，将求解区域离散成各个微元体；

（2）根据守恒定律，针对每个微元体建立微积分方程；

（3）将微积分方程在时间（仅针对瞬态分析）和空间上进行离散；

（4）求解方程，得到温度场分布。

数值法的求解步骤包括：

（1）建模。根据产品或设计要求建立热分析模型；

（2）输入边界条件。即输入所需的各个参数，包括环境温度、材料传导率、发射率和器件功耗等等；

（3）划分网格，计算。生成网格数目的多少直接决定了软件运算的时间；

（4）后处理。以图形、报告和动画等形式，观察温度场分布，获取有用信息。

在热分析过程中，步骤（1）和（2）是关键，工作量也最大。要进行准确快速的热分析，必须建立一个良好的热分析模型，并获取精确的边界条件。但在实际工程中，产品的结构可能纷繁复杂，难以精确建模，往往需要工程师丰富的经验，且往往缺乏准确的输入参数和边界条件等，所以，可能导致热分析误差较大。如何使热分析结果满足工程要求，已成为热分析软件应用中面临的最大挑战。

目前，国外许多公司已经开发出了电子设备热分析软件，并大多已商品化。例如，美国 Fluent 公司的 Icepak 软件，英国 Flomerics 公司的 Flotherm 软件等，以及 Ansys 的热分析模块。

2. 热控制技术

热控制技术为设计人员提供了一系列控制产品温升的技术方法，使设计人员在产品设计阶段就可以采取相应的措施弥补由于热缺陷造成的可靠性不足，达到提高产品可靠性的目的。

20 世纪 70 年代，为适应高性能大型设备冷却的要求，热控制技术得到了迅速发展。目前，电子设备的冷却技术、热控制技术已很成熟，这些技术是提高电子设备可靠性的必不可少的途径。

实用、成熟的热控制技术主要有以下几类：

（1）自然冷却技术；

（2）强迫空气冷却技术；

（3）液体冷却技术；

（4）蒸发冷却技术；

（5）其他冷却技术，如热管、冷板、热电制冷等。

电路板上元器件的优化布局是目前研究较多的一种热设计方法，它是降低家用电器温度最经济的方法。美国奥克兰大学 B. Cahlon 等人采用组合优化理论-模拟退火算法，搜寻电路板元件的最优布局，使得系统温度的目标函数最优，例如，电路元器件结点的最高温度最低。

3. 热测试技术

热测试技术是产品热设计及产品质量评价的最终手段。

对产品进行热测试，其方法主要分为接触式和非接触式两种。接触式测温法有热电偶温度传感器测量法、集成电路温度传感器测量法、热敏电阻传感器测量法、光纤温度传感器测量法等。接触式测温法具有精确、可靠、直观等特点。对封闭在腔体内的各种组件、器件的温度测量和大空间远距离多点的温度测量大都采用这种方法。但这种方法在多点的温度测量中，传感器安放繁琐复杂、工作量大、检测效率低。

非接触式测量法主要是红外测温法，包括辐射测温法、原子谱线线宽测温法、分子转动谱线强度分布测温法等。由于被测物体的黑率受材料本身的性质、表面状态、温度等多种条件的影响，不易确定，因而影响其测量精度；同时，只能测量相对测量仪表面的温度，所以其使用场合受到测量空间的限制。但这种类型的仪器在测量中不必与被测物体相接触，不会破坏原热场；同时，消除了接触式测温中传感元件与被测物体之间的接触热阻，是该方法的优点。

总之，热测试方法是获得温度分布精度最高的方法，但是代价太高。一般直到最后的样机阶段才采用该方法，也是获得热分析所需要热特性参数的唯一手段。但是，目前的热测试系统还不能实时分辨热分析所需要的热特性参数，从而修改热分析软件数据库。如何提高热测试技术的效率、准确性与可操作性成了今后研究的重点。

三、其他设计技术

（一）降额设计

降额设计是设计时使元器件的实际工作应力适当低于其额定值，从而降低元器件的失效率，提高产品的系统可靠性，因此它是提高系统可靠度的有效措施，也是家用电器可靠性设计中最常用的方法。对于某一具体的参数而言，额定值是该元器件在长期工作过程中能够承受的最大值。通常，对元器件故障率有较大影响的参数，如温度、功率、电压或电流等，更要考虑其额定值。例如，对于以下元器件，需要考虑的参数包括：

（1）半导体器件：结温、功率、电流和电压等；

（2）电容器：环境温度、直流工作电压；

（3）电阻器：电压、功率、环境温度；

（4）继电器：负载电流（电压）、介质耐压、扼流圈工作电压和环境温度；

（5）开关：电流、电压、工作次数和环境温度；

（6）发热管：电流、温度。

（二）冗余设计

对于家用电器来说，为了确保其安全，在设计结构时就要考虑产品非正常工作。比如产品中某保护器不工作时，是否还有保护器能够起作用，这也就是冗余设计的思想。在设计过程中，可结合产品具体情况和使用环境，确定冗余等级，设计冗余方案，这能够有效地提高产品的可靠性。例如，对于一些小型家用电器，除了工作在高温环境中，还可能伴有潮湿、污染的空气的影响，这些会对产品内部零部件的工作寿命造成影响。

冗余设计是用一个或多个相同单元构成并联形式，当其中一个单元发生故障时，其他单元仍能使产品正常工作的设计技术。设置冗余可提高家用电器的可靠性。

四、环境试验技术

如上所述，温度和湿度因素不仅可以单独作用于产品，影响产品安全和性能，而且两个因素还会综合作用于产品，造成更加复杂和严重的影响。对于温度而言，低温、高温、高低温循环、高低温冲击等都会对产品造成不同的影响；对于湿度而言，高湿度、低湿度、湿度循环等同样对产品造成不同的影响。当不同温度和湿度进行组合的时候，这种影响就更加复杂。除了前述的产品设计技术，也可通过湿热等环境试验的方式，对产品的设计进行评价和改进。一方面可以模拟实际使用中的湿热环境对产品的影响，另一方面也可以加速元件和材料在典型的高温高湿条件下的耐潮湿劣化影响的能力。具体环境试验条件、试验方法及相关标准，参见第七章。

第五章
接地异常环境下的家用电器安全

◎ 家用电器电击防护特征

◎ 我国接地环境现状

◎ 接地异常解决方案分析

| 第一节 |
家用电器电击防护特征

家用电器作为一种生活必需品越来越多地进入城乡居民的家庭，如果家用电器的设计存在缺陷、使用不当或发生故障时，常常会导致人身触电，严重时甚至造成人身伤亡事故。因此，为了保障消费者更安全地使用家用电器，在设计时要尤为关注产品可能的使用场合，并针对性提供相应的电击防护措施。本书第二章已经介绍过，家用电器的电击防护一般采取基本防护、故障防护、加强防护三类措施。根据采取防护措施的不同，家用电器分为 0 类、0I 类、Ⅰ类、Ⅱ类和Ⅲ类电器等五种类型（见表 5-1）。

表 5-1　家用电器触电防护分类

产品分类	定义	要点	示例
0 类	电击防护仅依赖于基本绝缘的器具，即它没有将导电易触及部件（如有的话）连接到设施的固定布线中保护导体的措施，万一该基本绝缘失效，电击防护依赖于环境	（1）仅用基本绝缘防止触及带电部件的器具是 0 类器具； （2）0 类器具没有附加的绝缘防护，也没有接地防护，其基本绝缘一旦失效，器具防止触及带电部件只能靠环境； （3）0 类器具有由绝缘材料构成一个整体或部分的基本绝缘外壳，也可用基本绝缘与带电部件隔开的金属外壳，如果基本绝缘损坏，器具防止触及带电部件是依靠环境； （4）如果由基本绝缘外壳构成的器具的内部部件有接地措施，则该器具属于 0 I 类或 I 类器具	如安装在屋顶的吊扇、吊灯为 0 类器具，因为其基本绝缘损坏后，依靠安装高度可防止触及带电部件

表5-1（续）

产品分类	定义	要点	示例
0Ⅰ类	至少器具整体具有基本绝缘并带有一个接地端子的器具，但其电源软线不带接地导线，插头也无接地插脚	（1）除基本防护以外，器具上有一个有效防止触电的接地措施，且接地系统不包括电源线中的接地导线，该器具是0Ⅰ类器具 （2）器具与大地连接是由器具外壳上的接地端子通过外接的接地导线完成的，所以器具电源线中没有接地导线，插头也没有接地插脚	如：某些双桶洗衣机
Ⅰ类	其电击防护不仅依靠基本绝缘，而且包括一个附加安全防护措施的器具。其防护措施是将易触及的导电部件连接到设施固定布线中的接地保护导体上，以使得万一基本绝缘失效，易触及的导电部件不会带电	（1）除基本绝缘以外，器具上有一个联通易触及导电部件，并与电源线中的接地导线相连的接地措施，该器具是Ⅰ类器具； （2）与带电部件用基本绝缘隔开的金属部件接地是附加的安全措施，是通过电源线中的接地导线与大地连接，所以器具电源插头带有接地插脚	如：洗衣机、电冰箱、空调器等
Ⅱ类	电击防护不仅依靠基本绝缘，而且提供如双重绝缘或加强绝缘那样的附加安全防护措施的器具。该类器具没有保护接地或依赖安装条件的措施	（1）除基本绝缘以外，防触电保护由附加绝缘或加强绝缘来完成的器具是Ⅱ类器具； （2）器具防止触及带电部件的附加安全措施，是由基本绝缘和附加绝缘组成的双重绝缘，或等效于双重绝缘的加强绝缘来完成的，所以Ⅱ类器具没有接地保护措施； （3）Ⅱ类器具的外壳可以是绝缘的非金属，也可以是金属的。如属于Ⅱ类结构的金属外壳有接地措施，则器具是Ⅰ类或0Ⅰ类器具； （4）绝缘外壳的Ⅱ类器具，外壳可以是附加绝缘或加强绝缘的一部分或全部	如：电吹风、手持式按摩器、注水式足部按摩器等

表5-1（续）

产品分类	定义	要点	示例
Ⅲ类	依靠安全特低电压的电源来提供对电击的防护，且其产生的电压不高于安全特低电压的器具	(1) 使用安全特低电压工作的器具是Ⅲ类器具； (2) 器具产生的电压也不应高于安全特低电压。安全特低电压是指导线之间以及导线与地之间不超过42 V，其空载电压不超过50 V	如：车载净化器、电动剃须刀、电动牙刷等

　　在上述电击防护措施中，接地是一种非常重要的措施。针对家用电器安全的接地措施，主要是指保护接地。保护接地是将系统、装置或设备的一点或多点接地。保护接地属于防止间接触电的安全技术措施，其主要保护原理是：当产品万一绝缘失效引起易触及金属部件带电时，通过将出现对地电压的易触及金属部件同大地紧密连接在一起，使电器上的故障电压限制在安全范围以内。在中性点不接地的供电系统中，如果电器上没有保护接地，当电器一部分绝缘损坏时，人体触及此器具外壳就会有触电的危险。对电器采用保护接地后，接地短路电流同时沿接地体和人体两条通路流通，由于接地体的电阻一般要求在 4 Ω 以下，而人体电阻约为 1000 Ω，流过人体的电流将会非常小，能够有效避免人体触电造成伤害。

　　接地措施主要针对Ⅰ类家用电器。Ⅰ类家用电器是消费者日常使用最多的电器，最常见的有：洗衣机、空调、电冰箱、电熨斗、电饭煲、电磁炉、微波炉等。Ⅰ类电器的防触电保护，除了电器自身的基本绝缘，还将易触及的导电部件连接到建筑设施固定布线中的接地保护导体上。

　　Ⅰ类家用电器接地系统通常由插头的接地极和电源线的接地线、内部接地线和接地端子、易触及金属外壳组成。Ⅰ类家用电器的接地系统一定要具有接地可靠、连续性良好、低阻值等特性。如果接地系统出现缺失或不良的情况，那么按照Ⅰ类防触电保护结构要求设计的产品，实际上是处于无接地保护的状态，消费者使用产品过程中极易出现触电伤害事故。

| 第二节 |
我国接地环境现状

一、概述

欧美等发达国家和地区通常具有规范和良好的建筑保护接地系统。我国的建筑物标准虽然也采用了相应的国际标准，但由于此前各地区经济发展的不平衡、城乡经济发展的不平衡，会出现部分建筑物的过流保护、接地等系统异常。从目前我国的配电系统来看，我国城市中的建筑物绝大多数为 TN-S 配电系统，而乡镇以及农村的建筑物配电系统类型较多，有 TT 和 IT 等配电形式。一方面，不少城市中的旧式住宅，以及广大边缘农村、山区的自建住房，存在供电根本没有保护接地或接地老化的现象。另一方面，在住宅建筑电气接地装置的实际工程施工中，还存在对接地的施工质量不够重视的问题，也有不按规范要求的施工作业，例如出现焊接不牢固、虚焊夹渣、不重视回填土的质量、对已完成的接地工程保护不当等问题，造成接地装置使用寿命缩短，进而影响用户的人身安全。

二、接地环境现状

2009 年 11 月，中国消费者协会在其网站上发布消费警示：没有安全接地＝没有生命保障。警示内容显示：假冒伪劣产品、不规范安装、不合格的用电环境已经成为"三大用电隐患"，其中不合格用电环境危险范围广、隐蔽性强，解决起来也更复杂。据中国消费者协会 2005 年对 2386 户消费者的家庭调查，用电环境完全达标的仅 576 户，其他 1810 户都存在不同程度的隐患，比率高达 75.9%。其中，家庭无地线或接地不良，占被调查总数的 53%；在线路安装上，32.9% 家庭的零线、火线、地线位置不符合国家标准要求；30.4% 的家庭电源线路及开关插座布局不合理；40.7%

的家庭厨卫设施用电无防潮、防水设置。随着住房使用时间的增加，电线、插座老化程度加剧，消费者家中用电环境存在的隐患也更加严重。

家用电器与触电有关的事故大致可分为两类，一类是由于家用电器本身的故障引起的，如：器具中的绝缘损坏导致器具"漏电"；另一类是非家用电器产品质量故障引起的，即家用电器质量合格，但使用时仍然可能发生消费者触电身亡事故，造成这类事故的元凶多数都是"接地系统异常用电环境"。

接地系统异常在我国普遍存在。具体表现在：

（1）无地线：即用户家中插座无接地或者整栋建筑物接地系统缺失。

（2）接地系统不规范：在部分欠发达的地区，例如农村、山区等，建筑物的用电环境相对恶劣，存在建筑物接地系统虚接、线径不足、阻值过大等现象，甚至会出现接地系统带电的情况。

（3）用户私自安装、维修与改造：家用电器安装受限或者发生故障时，用户私自安装、维修与改造，特别是更换器具电源线插头的现象比较普遍，导致出现内部布线或者插头的地线与火线连接在一起，从而引发触电危险。

（4）插座：用户使用了劣质插座或者拔插频繁导致插头、插座损坏，引起接触不良将插头、插座烧毁，造成插头、插座内极间短路。一旦相极与地极发生短路，就等于在易触及的器具外壳上直接连接了220 V电压，后果极其严重。

（5）移动插排：由于空间限制，器具所配电源线可能长度不够，用户会使用移动插排甚至劣质移动插排予以过渡。但是由于家用电器功率大、插排位置不固定、电源插头与插排接触不良等原因，导致插排内部烧坏，相极与地极发生短路，从而引发触电危险。

（6）配件质量低劣：例如：在低水压地区，为了确保储水式电热水器的正常使用，用于提高进水压力的水泵漏电导致电热水器外壳带电，从而引发触电危险。

| 第三节 |
接地异常解决方案分析

一、概述

家用电器接地是为了预防电器漏电对人和电器带来损害而设置的保护措施。虽然家用电器在出厂时均通过了严格的绝缘性能测试，但由于每个家用电器具体使用环境的不同，如高温、高湿、高寒、强辐射、冻土以及油烟污染等环境因素的影响，叠加产品自身自然老化等原因，导致家用电器的绝缘性能降低，甚至绝缘失效。对Ⅰ类器具而言，如果接地系统不良就会导致安全事故。

解决家用电器的接地异常问题，可从设计和检测两个方面开展工作。本节以电热水器为例，介绍几种解决方案。

二、断电法

（一）出水断电

电热水器的漏电通常是因为加热管使用时间过长，管表面被腐蚀破损导致加热管进水而发生的。出水断电技术是在电热水器的进水口上增加一个流量传感器，当传感器检测到有水流信号时，立即切断加热管的电源，从而起到防止加热管漏电的措施。这项技术简单有效，但是存在流量传感器易堵塞、断电速度慢等问题。

（二）漏电断电

漏电断电技术又称"漏电保护法"，如称为"防电闸""隔电墙""移动式剩余电流保护器""移动式剩余电流装置 PRCD""漏电保护插头"等（见图 5-1）都是采用该技术。

"断电法"技术原理如下：当电热水器内部漏电（例如：加热管漏电）或者由于外部用电环境导致地线带电时，在"电流互感器"的输出端会产生与剩余电流成比例的电压信号，经过放大处理，使串接在该回路跳闸线圈通电，从而使主回路脱扣装置动作，实现零、火、地线同时断开，确保用电安全。采用该技术的漏电保护装置应满足 GB/T 20044—2012《电气附件　家用和类似用途的不带过电流保护的移动式剩余电流装置（PRCD）》的要求。

图 5-1　防电闸和带防电闸电源线的热水器

三、水阻法

（一）技术原理

"水阻法"又称"水电阻衰减隔离法"，代表技术有"防电墙""隔电墙"等（见图 5-2 和图 5-3），目前海尔等热水器企业都采用该技术。

"水阻法"利用水本身的电阻，通过延长塑料进出水管道的长度及降低其内径面积，提升进出水管道中水本身的电阻。根据欧姆定律，即电压不变、电阻增大而电流减小的原理，从而达到防触电的效果。

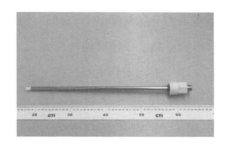

图 5-2　防电墙主要元件

图 5-3　隔电墙主要元件

"水阻法"是一个系统的热水器用电防护的解决方案，除了进出水绝缘管，还包括热水器内胆与外壳的全方位绝缘系统以及相应的报警措施（例如：指示灯）。"水阻法"技术实现了从产品安全到系统安全的跨越，既防护了热水器产品本身的用电安全问题（例如：由于腐蚀导致的加热管内部漏电），也解决了"地线带电"等外部用电环境带来的影响。

（二）防电墙技术

防电墙技术是专门针对我国部分居民建筑无接地线或接地不良的现状而设计的，它利用水本身的物理性质，结合热水器的具体结构，保证热水器内部的水在流出热水器前形成一个很大的电阻，能够在发生漏电或地线带电时可以承担 220 V 电压中的大部分电压，而人体只承受 12 V 以下的电压，该电压远低于安全特低电压，保证了用户的洗浴安全（见图5-4）。

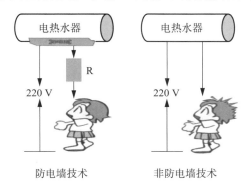

防电墙技术　　　　非防电墙技术

图 5-4　水电阻（防电墙）技术示意图

防电墙技术要求当地线带电时，电热水器的泄漏电流小于 5 mA。一旦器具以外的接地系统异常时，热水器应具有报警措施，报警应能持续到人工切断电源为止。用户在发生上述报警时，应立即停止使用热水器，拔下其电源插头或断开与供电电路的一切连接，并与制造商的维修人员联系处理。

水阻法和断电法都是目前电热水器行业内较为成熟的接地异常解决方案，两种措施各有优势，表 5-2 给出了二者的简单比较。

表 5-2 水阻法与断电法的比较

序号	对比内容	水阻法	断电法	备注
1	实现方式	复杂	简单	采用断电法的防电闸可直接外购
2	生产工艺	复杂	简单	水阻法需要实现内胆与外壳的全方位防护、需要试水工序、牵扯物料多
3	报警方式	持续报警，停用热水器，等待处理	直接断电，等待处理	
4	综合成本	略高	略低	
5	质量稳定性	较高	较低	采用断电法的防电闸内部防潮、高温和电子器件稳定性需要重点关注
6	用户操作	无需用户操作	需要用户复位	采用断电法的防电闸需要排除故障后，再重新复位

四、"水阻+断电"法

目前，还有部分热水器企业采用"水阻+断电"双重防护措施，代表称谓有"双盾""双防""双核"等（见图 5-5）。

顾名思义，一般电热水器产品往往只配备"防电墙"或"防电闸"单一的安全系统来满足安全防护要求，而采用"水阻+断电"法的产品在防电墙技术的基础上又增加了防电闸技术，既可以在接地系统异常时发出报警，又可以当某种原因导致电源线任一路线发生异常时，产品在 0.1 s 内同时切断电源线的火线、零线和地线，实现双重防护。

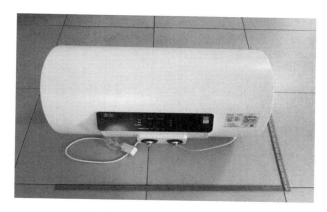

图 5-5　某"双防"热水器外形图

从技术角度分析，"水阻+断电"这种结构存在一定的风险隐患。原因在于，如果其水阻装置不能将泄漏电流限制在 5 mA 以下，并且选择的移动式剩余电流保护器（PRCD）的动作电流超过 5 mA，可能会出现所产生的泄漏电流超过 5 mA 但又没有达到 PRCD 的动作电流，这时，PRCD 将无法主动切断电源而导致触电危险的发生。因此，相关企业必须在设计时予以重视，避免上述隐患的发生。

五、智能型漏电保护装置

智能型漏电保护装置又称"断电保护型防电闸"，简称：智能型漏保。它是普通防电闸产品的升级版。智能型漏保（图 5-6）与普通防电闸产品最大的区别在于：

当电压失电时能自动断开三极：即关闭用户插座上的开关或者从插座拔出漏电保护插头时，漏电保护插头自动断开三极，避免因地线带电导致的安全事故。

此外，该智能型漏电保护装置还具有如下功能：

——地线异常带电，自动断电保护；

——插脚温度过高断电保护，但是当温度降低后，能自动恢复；

——插座恢复电源，自动复位上电；

——插座电源电压低于 154 V 或者高于 280 V，自动断电保护；

——插头（L 或 N）对地剩余电流（$I_{\Delta n}$）达到 6 mA（该参数可单独设置），自动断电保护；

——地线电流达到 15 mA ~30 mA（该参数可单独设置），自动断电保护。

图 5-6 智能型漏保

六、接地系统实时监测技术

由于我国城市居民楼多是整栋用户共用地线，因此，即使每个家庭内的接地没有任何损坏也不能保证共用地线良好。该技术利用电阻降压，检测火线和零线对地线的导通情况，实现时刻检测地线是否良好。在接地发生异常时，可通过声光报警，提示用户其地线系统已经发生故障，需要进行维护。

七、检测标准与技术

储水式电热水器现行的安全标准是 GB 4706.12—2006《家用和类似用途电器的安全 储水式热水器的特殊要求》。该标准针对我国接地异常环境增加了附录 AA：对在接地系统异常时提供应急防护措施的 I 类热水器的附加要求，以保证电热水器产品在"接地系统异常"有触电危险时，不会导致正在使用电热水器的用户发生触电伤亡事故，并且要求器具具备报警措施，提醒消费者停止使用，断开电源，等待维修。目前，该标准的修订版已于2018年3月通过审定，等待批准发布。新版GB 4706.12标准中，增加了"接地系统异常"的定义，即："为器具供电的带有保护性接地导体的供电系统中，其保护性接地导体出现故障的情况"。明确了接地故障包括没有接地及有接地、但接地不可靠或地线带电等，消除了现行标准执行中对于接地系统异常的理解分歧。

按照最新修订的GB 4706.12国家标准，应当满足"测得的泄漏电流值不应超过5mA（附录AA.13.2）"的要求。另外，新版标准对试验方法进行了优化，并对GB 4706.12中AA.1~AA.4图示进行了相应的修改。具体为：

（1）对旧版标准中的试验过程进行了优化，限定在出水流量为5 L/min的条件下进行测量。

（2）旧版标准中图示体现仅测量进出水口外露金属部件和金属筛网，本次修订对测试部位进行优化，修改为：

在电源的N极和下述部件之间进行：

——打算与保护性接地连接的易触及金属部件；

——覆盖绝缘材料的易触及表面的面积不超过20 cm×10 cm（模拟手掌的面积）的金属箔，以及不打算连接到保护性接地的金属部件；

——距出水口下方10 mm处的金属网筛。

泄漏电流测试方法如下：

水温为（25±5）℃的，电阻率为（1250±50）Ω·cm的试验用水（注：向自来水中加入磷酸铵可配制成符合上述要求的电阻率的试验用水），按照图5-7所示进行泄漏电流测试，热水器以额定电压供电。在器具外导线接线端子处断开接地线，将器具电热元件的基本绝缘完全失效，按照图5-8的试验电路进行测量。

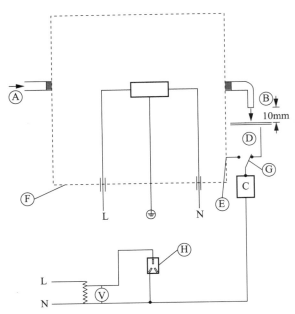

A——进水口；B——出水口；C——GB/T 12113—2003 中图 4 的电路；D——金属筛网；E——易触及部件；F——热水器主体；G——选择开关；H——连接热水器电源的专用测试装置

图 5-7 单相热水器泄漏电流测试线路图（接地系统带电）

测量在电源的 N 极和下述部件之间进行：

——打算与保护性接地连接的易触及金属部件；

——与绝缘材料的易触及表面接触、面积不超过 20 cm×10 cm 的金属箔，以及不打算连接到保护性接地的金属部件；

——距出水口下方 10 mm 处的金属网筛，此时出水口以 5 L/min 的流量出水。

注：金属筛网的尺寸为：20 cm×40 cm，目数为：4 目。

测得的泄漏电流值不应超过 5 mA。

同时，附录 AA 中增加了对于通过使用移动式剩余电流装置 PRCD 实现满足附录 AA 要求的器具的测试方法：

对于 PRCD，应按照 GB/T 20044—2012 的 9.9.2.1、9.9.2.3 和 9.9.6.1 中规定的试验方法进行试验，测得的动作电流应符合 GB/T 20044—2012 的

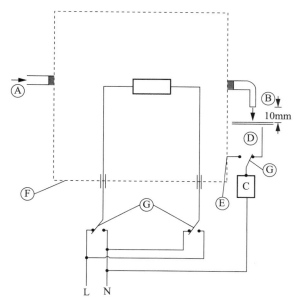

A——进水口；B——出水口；C——GB/T 12113—2003 中图 4 的电路；D——金属筛网；E——易触及部件；F——热水器主体；G——选择开关

图 5-8 单相热水器泄漏电流测试线路图（接地系统连续性缺失）

9.9.2.1 和 9.9.6.1 的要求；测得的动作时间应符合 GB/T 20044—2012 的 9.9.2.3 和 9.9.6.1 的相应要求。同时，结合目前行业技术水平和热水器产品特点，对 GB/T 20044—2012 中的要求进行拔高加严，即：最大动作时间不应超过 0.1s，原标准为 0.3s。

第六章
复杂使用环境下的相关安全标准

| 第一节 |
与环境相关标准的分析

一、概述

家用电器所处的环境条件是指在特定时间内，产品所经受的外部的物理、化学和生物条件。通常是自然环境条件和人工环境条件综合作用的结果。环境条件可以包括家用电器所处环境的冷热（温度及温度变化）、湿度（相对湿度及绝对湿度）、压力（气压、水压及其变化率）、水（降雨、降雪、冰雹、溢水、溅水、冷凝、冰霜等）、辐射（太阳辐射、热辐射、离子辐射等）、生物（病毒、细菌、真菌、动物等）、化学（盐雾、臭氧等）、机械（沙、尘、振动、冲击、跌落等）、电（电场、磁场、谐波、电压等）等各类条件。此外，广义的环境条件还可以包括主要涉及电压、电流、频率等供电电源参数的用电环境，接地保护条件和负载条件等。

根据国家标准 GB/T 2421—2020《环境试验 概述和指南》，部分环境参数的主要影响和危害见表 6-1。

表 6-1 环境参数的影响和危害

环境参数	主要影响	危害
高温	热老化（氧化、开裂、化学反应）、软化、融化、升华、黏度降低、蒸发、膨胀	绝缘损坏、机械故障、增加机械应力、运动部件磨损增大
低温	脆化、结冰、黏度增加和固化、机械强度降低、物理收缩	绝缘损坏、开裂、机械故障、运动部件磨损增大、密封失效
高相对湿度	潮气吸收或吸附、膨胀、机械强度降低、化学反应、腐蚀、电蚀、绝缘导电性增加	物理损坏、绝缘损坏、机械故障

表 6-1（续）

环境参数	主要影响	危害
低相对湿度	干燥、脆化、机械强度降低、收缩、机械磨损	机械故障、开裂
高气压	压缩变形	机械故障、泄漏、密封损坏
低气压	膨胀、空气电气强度降低、电晕和臭氧形成、冷却速度降低	机械故障、泄漏、密封失效、闪络过热
太阳辐射	化学和物理反应、表面劣化、脆化、变色、产生臭氧、加热、不均匀加热和机械应力	绝缘损坏及高温的危害
沙尘	磨损和侵蚀、卡住、阻塞、导热性降低、静电效应	磨损增加、电气故障、机械故障、过热
腐蚀性大气	化学反应、腐蚀、电蚀、表面劣化、电导率增加、接触电阻增大	磨损增大、机械故障、电气故障

二、家用电器现行标准中的环境条件及分析

（一）家用电器现行标准中的环境条件

选择包括 GB 4706.1 在内的多项家用电器标准，对规定的使用环境（或试验环境）条件进行汇总分析，可以发现这些现行标准中，家电产品的使用环境条件（试验条件）主要范围为：

1. 使用环境条件范围

——温度：-15 ℃~45 ℃；

——相对湿度：<95%；

——气压：86 kPa~106 kPa；

——海拔：<2000 m 或未明示。

其中，多数标准考虑的使用环境条件范围是：

——温度：0 ℃~40 ℃；

——相对湿度：45%~75%；

——气压：86 kPa~106 kPa；

——海拔：<1000 m 或未明示。

2. 试验环境条件范围

——温度：0 ℃~43 ℃；

——相对湿度：<95%；

——气压：86 kPa~106 kPa。

其中，多数标准考虑的试验环境条件范围是：

——温度：15 ℃~25 ℃；

——相对湿度：45%~75%；

——气压：86 kPa~106 kPa。

综合上述情况，现行标准为家用电器设置的正常使用环境条件是：

• 低海拔地区：海拔高度 0 m~1000 m（偶尔拓展到 2000 m，个别标准提高到 4000 m）。

• 日常室内的温湿度：室内的温湿度条件，通常位于 0 ℃~40 ℃之间，湿度不超过 95%。

基于家用电器产品的正常使用环境条件，设置的试验环境条件是：

• 低海拔或未明示：通常不高于 2000 m，气压 86 kPa~106 kPa 之间。

• 日常室内的温湿度：温度（20±5）℃，湿度（60±15）%。基于特殊目的会对试验条件进行改变，例如：能效测试改为温度（23±2）℃，湿热试验改为湿度（93±3）%，耐久性试验改为 43 ℃。

我国家用电器安全标准 GB 4706 系列主要采用 IEC 60335 系列国际标准。现行 IEC 标准主要依据欧洲地理气候特点制定。在一定程度上使得我国现有标准主要考虑的是家用电器在低海拔、室内环境条件下的使用要求，仅偶尔涉及高海拔、高温、低温环境条件。故尚不能完全覆盖我国的地理气候特征。

（二）我国地理气候特征及与欧洲相比的差异

1. 世界各洲地形和气候条件概况

世界主要大洲的地形、气候条件概况见表 6-2。

表 6-2　世界各洲地形和气候条件概况

大洲	地形	气候
亚洲	地形复杂，高低起伏大。中部高，四周低，高原面积广大	气候多样，海陆热力性质差异明显，季风气候显著。以温带大陆性气候为主
欧洲	以平原、山地为主，平均海拔最低的大洲	地中海气候、温带海洋性气候分布广泛典型，温凉温湿
非洲	"高原大陆"，以高原为主，地形起伏较小。东南高，西北低	气候类型南北对称分布，以热带草原气候和热带雨林气候为主
北美洲	三大地形纵列分布。西部山地，中部平原，东部高原、山地	多样性突出，以温带大陆性气候为主，冷热不均
南美洲	西高东低。西部山地，东部平原、高原相间分布	以热带为主，热带雨林气候分布广泛典型，温暖湿润
大洋洲（澳大利亚）	西部高原，中部平原，东部山地	以热带为主，热带沙漠和热带草原分布广泛，温热湿润
南极洲	高原为主，平均海拔最高的大洲	冰原气候，酷寒，干燥，烈风

2. 我国和欧洲的差异

（1）欧洲地理特点

欧洲位于东半球的西北部，北临北冰洋，西向大西洋，南向为地中海。东部以乌拉尔山脉、乌拉尔河、里海、高加索山脉、博斯普鲁斯海峡、马尔马拉海、达达尼尔海峡同亚洲分界；在地理上习惯分为南欧、西欧、中欧、北欧和东欧五个地区。欧洲面积约为 1000 万 km²，约占世界陆地总面积的 6.8%，仅大于大洋洲，是世界第六大洲。

欧洲地形以平原为主，冰川地貌分布较广，高山峻岭汇集南部，海拔200 m以上的高原丘陵和山地约占全洲面积的40%，其中海拔在500 m～2000 m的仅占15%，海拔2000 m以上高山仅占约2%；海拔200 m以下平原占全洲面积的60%，全洲平均海拔340 m。

欧洲的地形特点主要体现在：

- 欧洲是世界上地势最低的洲，平均海拔高度只有340 m。高度在200 m以下的平原约占全洲总面积的60%。

- 欧洲的地形，以波罗的海东岸至黑海西岸一线为界分为东西两部分：东部平原占绝对优势，西部则山地和平原互相交错。

- 在第四纪冰期时，欧洲存在着两个大的冰川中心，一为斯堪的纳维亚半岛的大陆冰川中心，一为阿尔卑斯山脉的山地冰川中心，前者对欧洲的影响很大，由于它的作用，欧洲北半部遍布冰川地貌。

（2）地理特点差异

①海拔高度

欧洲的地势较低，平均海拔高度仅为340 m；而我国地势西高东低，自西南部的青藏高原至绵长的东部海岸线，海拔落差极大。二者对比如表6-3所示。

表6-3　欧洲与中国海拔高度分布对比

海拔高度	2000 m 以上	500 m～2000 m	500 m 以下
欧洲面积比例	2%	15%	83%
中国面积比例	33%	42%	25%

②地形复杂程度

欧洲地形以平原为主，山地和丘陵较少，高原和盆地几近缺失，仅在北欧有一部分冰川地貌，总体来说地形较为单一。而我国不仅包含了全部的5种陆地基本类型，还有类型繁多的特殊地貌分布，可谓地形复杂。而其中高原和山地又占据了我国面积的2/3。二者对比如表6-4所示。

表 6-4 欧洲与中国地形面积比例对比

地形	平原	山地	丘陵	高原	盆地
欧洲面积比例	60%	40%		缺失	
中国面积比例	19%	26%	10%	33%	12%

（3）欧洲气候特征

欧洲位于亚欧大陆的西部，大部分在中高纬度，纬度位置决定了它在全球大气环流中主要处于西风带范畴，所处海陆位置面临强盛的北大西洋暖流，加以水平轮廓破碎，多岛屿、半岛和深入陆地的海湾，以及平原广阔、山脉多呈东西走向的地形结构等的综合影响，使欧洲气候具有温带海洋性的特点。与亚洲和北美洲同纬度地区相比，欧洲冬季温和，夏季比较凉爽，气温年较差小；年降水量适中，以秋冬降水为主，是世界上除南极洲外唯一没有大片干旱沙漠区的洲。

西欧为温带海洋性气候，冬暖夏凉，年温差小。冬季气温比同纬度的大陆中心和大陆东岸温暖，最冷月均温在 0 ℃以上；夏季时比大陆凉爽，最热月均温在 22 ℃以下。由于冬暖夏凉，年温差要比同纬度其他地区小得多。西欧全年有雨，冬雨较多，冬季降水量在全年所占比例稍大，全年没有旱季。

南欧为地中海气候，夏季炎热干燥，高温少雨，冬季温和多雨。冬季气温 5 ℃～10 ℃，夏季 21 ℃～27 ℃。年降水量 350 mm～900 mm，集中于冬季，下半年降水量只占全年降水量的 20%～40%，降水量最大月是最小月的 3 倍以上。

东欧、中欧及其他地区为温带大陆性气候，冬冷夏热，年温差大，降水集中，四季分明，年雨量较少。

（4）气候特征差异

欧洲气候类型相对比较单一，缺失热带气候类型。西欧为温带海洋性气候，南欧为地中海气候，东欧、中欧及其他大部为温带大陆性气候，中北部部分地区属亚寒带针叶林气候；所处纬度较高，以温带和亚寒带气候为主，气温年较差小；海洋性气候为主，降水季节分布较均匀。

我国气候类型复杂多样，世界上有的气候类型，我国大部分都有。东部属季风气候（亚热带季风气候、温带季风气候和热带季风气候），西北部属温带大陆性气候，青藏高原属高寒气候。与欧洲相比，我国具有欧洲所缺少的热带及亚热带高温高湿气候类型，还具有以青藏高原为代表的高海拔地貌所带来的独特气候特征。

三、与高海拔相关的标准

（一）标准分类

与高海拔相关的现有标准中，涉及以下几个方面的主题。

1. 定义及环境参数

涉及高海拔的术语、定义以及对应的特殊环境条件的部分相关标准见表6-5。

表6-5　高海拔相关定义及环境参数标准

标准编号	标准名称
GB/T 20625—2006	特殊环境条件　术语
GB/T 19608.3—2004	特殊环境条件分级　第3部分：高原
GB/T 14092.3—2009	机械产品环境条件　高海拔
GB/T 14597—2010	电工产品不同海拔的气候环境条件
GB/T 4796—2017	环境条件分类　环境参数及其严酷程度
GB/T 4797系列	环境条件分类　自然环境条件 ● GB/T 4797.1—2018 环境条件分类　自然环境条件　温度和湿度 ● GB/T 4797.2—2017 环境条件分类　自然环境条件　气压 ● GB/T 4797.4—2019 环境条件分类　自然环境条件　太阳辐射与温度 ● GB/T 4797.5—2017 环境条件分类　自然环境条件　降水和风 ● GB/T 4797.6—2013 环境条件分类　自然环境条件　尘、沙、盐雾

2. 环境试验

包括环境测试的指南、导则和方法，高海拔环境主要涉及低温、温度变化、低气压、太阳辐射、密封、沙尘等。部分相关标准见表6-6。

表6-6 环境试验标准

标准编号	标准名称
GB/T 2421—2020	环境试验 概述和指南
GB/T 2424 系列	环境试验导则： • GB/T 2424.1—2015 环境试验 第3部分：支持文件及导则 低温和高温试验 • GB/T 2424.15—2008 电工电子产品环境试验 温度/低气压综合试验导则 • GB/T 2424.26—2008 电工电子产品环境试验 第3部分：支持文件和导则 振动试验选择
GB/T 2423 系列	环境试验方法： • GB/T 2423.1—2008 电工电子产品环境试验 第2部分：试验方法 试验A：低温 • GB/T 2423.17—2008 电工电子产品环境试验 第2部分：试验方法 试验Ka：盐雾 • GB/T 2423.18—2012 环境试验 第2部分：试验方法 试验Kb：盐雾，交变（氯化钠溶液） • GB/T 2423.21—2008 电工电子产品环境试验 第2部分：试验方法 试验M：低气压 • GB/T 2423.22—2012 环境试验 第2部分：试验方法 试验N：温度变化 • GB/T 2423.24—2013 环境试验 第2部分：试验方法 试验Sa：模拟地面上的太阳辐射及其试验导则 • GB/T 2423.27—2020 环境试验 第2部分：试验方法 试验方法和导则：温度/低气压或/温度/湿度/低气压综合试验 • GB/T 2423.37—2006 电工电子产品环境试验 第2部分：试验方法 试验L：沙尘试验

表 6-6（续）

标准编号	标准名称
GB/T 2423 系列	• GB/T 2423.41—2013 环境试验 第 2 部分：试验方法 风压 • GB/T 2423.59—2008 电工电子产品环境试验 第 2 部分：试验方法 试验 Z/ABMFh：温度（低温、高温）/低气压/振动（随机）综合 • GB/T 2423.61—2018 环境试验 第 2 部分：试验方法 试验和导则：大型试件砂尘试验 • GB/T 2423.63—2019 环境试验 第 2 部分：试验方法 试验：温度（低温、高温）/低气压/振动（混合模式）综合 • GB/T 2423.102—2008 电工电子产品环境试验 第 2 部分：试验方法 试验：温度（低温、高温）/低气压/振动（正弦）综合
GB/T 20643 系列	特殊环境条件下的环境试验方法： • GB/T 20643.1—2006 特殊环境条件 环境试验方法 第 1 部分：总则 • GB/T 20643.2—2008 特殊环境条件 环境试验方法 第 2 部分：人工模拟试验方法及导则 电工电子产品（含通信产品） • GB/T 20643.3—2006 特殊环境条件 环境试验方法 第 3 部分：人工模拟试验方法及导则 高分子材料

3. 产品与技术

涉及高海拔环境下产品的绝缘介质强度、温升、灭弧能力、密封性、耐候性等要求的部分相关标准见表 6-7。

表 6-7 产品技术要求标准

标准编号	标准名称
GB/T 20645—2006	特殊环境条件 高原用低压电器技术要求
GB/T 20626 系列	高原电工电子产品标准： • GB/T 20626.1—2017 特殊环境条件 高原电工电子产品 第 1 部分：通用技术要求 • GB/T 20626.2—2018 特殊环境条件 高原电工电子产品 第 2 部分：选型和检验规范 • GB/T 20626.3—2006 特殊环境条件 高原电工电子产品 第 3 部分：雷电、污秽、凝露的防护要求
JB/T 10922—2008	高原铁路机车用旋转电机 技术要求

4. 材料部件

高海拔地区具有太阳辐射大、温度低、风沙大等复杂环境条件，材料部件标准针对上述情况，给出材料对应的技术要求。部分相关标准见表6-8。

表6-8　材料部件标准

标准编号	标准名称
GB/T 20644.1—2006	特殊环境条件　选用导则　第1部分：金属表面防护
GB/T 20644.2—2006	特殊环境条件　选用导则　第2部分：高分子材料
GB/T 12000—2017	塑料　暴露于湿热、水喷雾和盐雾中影响的测定

（二）高海拔环境条件

1. 高海拔/高原的定义

本文汇总了部分标准中关于"高海拔/高原"的规定，具体见表6-9。

表6-9　高海拔/高原的定义或范围

标准编号及名称	高海拔/高原
GB/T 20625—2006 特殊环境条件　术语	高原： 按照地理学的概念，海拔超过1000 m的地域
GB/T 19608.3—2004 特殊环境条件　分级　第3部分：高原	范围： 适用于海拔高度1000 m～5000 m高原环境条件下使用的机电产品
GB/T 14092.3—2009 机械产品环境条件　高海拔	范围： 本部分适用于1000 m～5000 m高海拔地区使用的一般用途的机械工业产品
GB/T 20626.1—2017 特殊环境条件　高原电工电子产品　第1部分：通用技术要求	常规性电工电子产品： 海拔2000 m（或1000 m）及以下的电工电子产品
GB/T 20645—2006 特殊环境条件　高原用低压电器技术要求	高原： 本标准所指的高原是海拔超过2000 m的地区

可见，海拔2000 m以上的地区被普遍认为属于高海拔/高原地区，

1000 m~2000 m 的地区，不同标准存在不同的理解，有的以 1000 m 作为高海拔/高原的界限，有的以 2000 m 作为高海拔/高原的界限。

2. 高海拔/高原环境条件的参数和分级

根据国家标准 GB/T 20625—2006《特殊环境条件　术语》的定义，"高原气候"是由高原地理条件所形成的气候，其特点是气压低、气温低、昼夜温差大、绝对湿度低、太阳辐射强度尤其是紫外线辐射强度较高。此外，根据 GB/T 19608.3—2004《特殊环境条件分级　第 3 部分：高原》，部分高海拔地区还有沙尘、冻土、盐湖等特殊气候条件。根据上述特殊气候特点，分析 GB/T 20626.1—2017《特殊环境条件　高原电工电子产品第 1 部分：通用技术要求》、GB/T 14597—2010《电工产品不同海拔的气候环境条件》、GB/T 19608.3—2004《特殊环境条件分级　第 3 部分：高原》、TB/T 3213—2009《高原机车车辆电工电子产品通用技术条件》等标准的规定，由于 GB/T 20626.1、GB/T 14597、GB/T 19608.3、TB/T 3213 四个标准的主要环境条件参数基本相同（TB/T 3213 仅因为海拔高度分级不同按照 GB/T 20626.1 的数据进行了插值计算），只是在最低空气温度和最大太阳直接辐射强度上略有不同。综合比较各标准，高海拔环境条件可参照表 6-10 确定。

表 6-10　高海拔环境条件

序号	环境参数		海拔/m					
			0	1000	2000	3000	4000	5000
1	气压/kPa	最低	97.0	87.2	77.5	68.0	60.0	52.5
		最高	105.6	92.8	81.5	72.2	63.4	55.5
		年平均	101.3	90.0	79.5	70.1	61.7	54.0
2	空气温度/℃	最大日温差	15, 25, 30					
		最低	+5, −5, −15, −25, −40, −45					
		最高	45/40	45/40	35	30	25	20
		年平均	20	20	15	10	5	0

表 6-10（续）

序号	环境参数		海拔/m					
			0	1000	2000	3000	4000	5000
3	相对湿度/%	最湿月月平均最大（平均最低气温℃）	95/90（25）	95/90（25）	95（20）	95（15）	95（10）	95（5）
		最干月月平均最小（平均最高气温℃）	20（15）	20（15）	15（15）	15（10）	15（5）	15（0）
4	绝对湿度/（g/m³）	年平均	11.0	7.6	5.3	3.7	2.7	1.7
		年平均最小	3.7	3.2	2.7	2.2	1.7	1.3
5	最大太阳直接辐射强度/（W/m²）		1000	1000	1060	1120	1180	1250
6	最大风速/（m/s）		25，30，35，40					
7	1 m 深土壤最高温度/℃		30	25	20	20	15	15

　　家电行业相关企业可参考表 6-10 数据，综合考虑产品自身特性，实际使用的室内外条件以及降水（雨、雪、雹）、结冰、结霜、凝露、冻土、盐湖等因素的影响，确定高海拔电器标准中的环境条件参数。

（三）环境试验方法

　　与高海拔相关的环境试验方法标准，主要包括：

* GB/T 2423 系列电工电子产品环境试验标准
* GB/T 20643 系列特殊环境条件的环境试验方法标准

　　其中，GB/T 2423 电工电子产品环境试验系列标准给出环境模拟试验的通用方法；GB/T 20643 特殊环境条件环境试验方法系列标准则对高海拔/高原环境的具体适用性进行了规范。依据上述标准，汇总高海拔电器相关主要环境试验方法如表 6-11 所示。

表 6-11　高海拔相关环境试验方法

试验项目	试验参数	考核内容	说明
低温	温度：-40 ℃、-25 ℃ 持续时间：2 h、16 h、72 h、96 h	外观及电气和机械性能（包括启动性能、非金属件机械强度、电路的通断能力等）	适用于考核受温度影响的产品在低温条件下的适应性
腐蚀性大气（耐盐雾）	氯化钠浓度：5%±0.1% pH 值：6.5~7.2 温度：35 ℃±2 ℃ 试验周期：24 h、48 h、96 h	外观、绝缘、腐蚀	适用于考核产品抗盐雾腐蚀的能力
低温低气压综合试验	温度：-40 ℃、-25 ℃ 气压值：52.5 kPa、60 kPa、68 kPa 持续时间：2 h、16 h、72 h、96 h	外观及电气和机械性能（包括低气压、低温试验所含各项内容）	适用于当产品进行单一环境试验不能揭示综合环境影响时使用
低气压	气压值：52.5 kPa、60 kPa、68 kPa、78 kPa、87 kPa 持续时间：5 min、30 min、2 h、4 h、16 h	外观及电气和机械性能（包括耐压强度、灭弧能力、防电晕、启动、温升、外观、密封）	适用于考核受低气压影响的产品在低气压条件下的适应性
温度变化	低温：-40 ℃、-25 ℃、-10 ℃、-5 ℃ 高温：85 ℃、70 ℃、55 ℃、40 ℃、30 ℃ 持续时间：0.5 h~3 h 转换时间：2 min~3 min 循环次数：5 个周期	外观及电气和机械性能（包括机械强度、开裂、绝缘、电性能）	适用于考核产品经受环境温度迅速变化的能力
太阳辐射	辐射强度：1120 W/m² 试验时间：方法 A、B 或 C 试验周期：3 d、10 d、56 d	外观及电气和机械性能（包括绝缘、老化、变形、温升等）	确定太阳辐射对产品的影响

表 6-11（续）

试验项目	试验参数	考核内容	说明
振动（正弦）	从相关标准选定	外观及电气和机械性能	适用于考核产品在实际使用和运输安装过程中或安装在运输工具上使用时承受振动的能力
湿热	温度：40 ℃ 试验周期：2 d、6 d、12 d、21 d	绝缘强度和电气性能	适用于考核因温差变化而产生凝露现象的产品

（四）产品技术要求

与高海拔/高原环境条件相关的电工电子类产品标准，主要包括：

- GB/T 20626.1—2017《特殊环境条件 高原电工电子产品 第1部分：通用技术要求》
- GB/T 20626.2—2018《特殊环境条件 高原电工电子产品 第2部分：选型和检验规范》
- GB/T 20626.3—2006《特殊环境条件 高原电工电子产品 第3部分：雷电、污秽、凝露的防护要求》
- GB/T 20645—2006《特殊环境条件 高原用低压电器技术要求》
- TB/T 3213—2009《高原机车车辆电工电子产品通用技术条件》

对上述标准的技术要求汇总如表 6-12 所示。

表 6-12 高海拔相关产品技术要求

序号	项目	GB/T 20626系列	GB/T 20645—2006	TB/T 3213—2009	类别
1	电气间隙	根据海拔高度系数修正	与 GB/T 20626类似	与 GB/T 20626类似	电气性能
2	爬电距离	—	3级污染	—	电气性能

表6-12（续）

序号	项目	GB/T 20626 系列	GB/T 20645—2006	TB/T 3213—2009	类别
3	电晕及局部放电	符合常规型产品的要求（起始电压降低，加速绝缘老化和金属腐蚀）	—	与 GB/T 20626 类似	电气性能
4	耐受电压	符合常规型产品的要求（试验地点和使用地点不同时，需进行海拔修正）	与 GB/T 20626 类似	与 GB/T 20626 类似	电气性能
5	灭弧性能	符合常规型产品的要求（以自由空气为灭弧介质的灭弧能力下降，通断能力下降、电寿命缩短）	与 GB/T 20626 类似	与 GB/T 20626 类似	电气性能
6	电磁兼容	符合常规型产品的要求（电晕产生无线电干扰）	—	与 GB/T 20626 类似	电气性能
7	静电	—	—	线路设计和材料选择采取抗静电措施	电气性能
8	温升	不超过常规型产品的限值（散热困难，温升增加，环境温度降低有一定抵消作用）	与 GB/T 20626 类似，户内按常规的限值，户外随海拔升高可提高	与 GB/T 20626 类似	热性能

表 6-12（续）

序号	项目	GB/T 20626 系列	GB/T 20645—2006	TB/T 3213—2009	类别
9	耐低温性能	—	根据海拔高度分级	—	热性能
10	密封	达到正常运行和维护要求（腔体结构内外压差可能增大）	—	与 GB/T 20626 类似	材料及结构
11	材料	抗紫外、抗热辐射、抗寒、抗温差	与 GB/T 20626 类似，抗臭氧、户外抗风沙	与 GB/T 20626 类似	材料及结构
12	雷电	过电压、绝缘配合、接地、避雷装置	—	接地、避雷装置	材料及结构
13	凝露与污秽	分级及防护措施	—	污染等级及相关电气间隙、爬电距离	材料及结构

从表 6-12 可以看出，现有标准中高海拔/高原环境条件对产品安全的影响主要集中在涉及电气、热、材料、结构等方面的 13 项要求。

四、高温高湿相关标准的试验方法及要求

高温高湿试验方法及要求汇总见表 6-13。

表 6-13　高温高湿试验方法及要求

试验项目	试验参数	考核内容
高温试验	GB/T 2423.2： 30 ℃、35 ℃、40 ℃、……、100 ℃……	根据相关规范考核
恒定湿热试验	GB/T 2423.3： 温度（30±2）℃，湿度 93%±3% 温度（30±2）℃，湿度 85%±3% 温度（40±2）℃，湿度 93%±3% 温度（40±2）℃，湿度 85%±3% 12 h、16 h、24 h、2 d、4 d、10 d、21 d、56 d	根据相关规范考核

表 6-13（续）

试验项目	试验参数	考核内容
交变湿热试验	GB/T 2423.4： 25 ℃/40 ℃；循环次数：2，6，12，21，56 25 ℃/55 ℃；循环次数：1，2，6	根据相关规范考核
长霉试验	GB/T 2423.16： 28 ℃~30 ℃，28 d/56 d	根据长霉程度及相关规范考核
电气安全试验	GB 4706.1 附录 P： 标志和说明（增加标识和说明）、 发热（试验环境温度40_0^{+3}℃）、 工作温度下的泄漏电流和电气强度（Ⅰ类器具泄漏电流不超过 0.5 mA）、 耐潮湿（t 为 37 ℃）、 泄漏电流和电气强度（Ⅰ类器具泄漏电流不超过 0.5 mA）、 非正常工作（19.13 增加泄漏电流试验）	GB 4706.1 附录 P

| 第二节 |

与安全相关标准的分析研究

电气设备在设计、制造、安装、使用和维护等阶段，都应符合一定的安全原则和要求。所谓安全，是指在预期使用条件下以及在合理可预见的误操作下，对人身、财产等不产生伤害。电气安全标准则是按照上述原则，明确考虑各类危险，制定对应的安全要求，并给出检测验证的方法。

一、电气安全基础标准

（一）标准分类

电气安全相关基础标准可以分为指导类基础标准、方法类基础标准。

1. 指导类基础标准

指导类基础标准涉及电气安全相关的术语导则、通用原则、基础研究等方面。部分相关标准见表 6-14。

表 6-14　指导类基础标准

标准编号	标准名称
GB/T 4776—2017	电气安全术语
GB/T 13869—2017	用电安全导则
GB/T 17045—2020	电击防护　装置和设备的通用部分
GB/T 3805—2008	特低电压（ELV）限值
GB/T 13870 系列	电流对人和家畜的效应： ● GB/T 13870.1—2008 电流对人和家畜的效应　第 1 部分：通用部分 ● GB/T 13870.2—2016 电流对人和家畜的效应　第 2 部分：特殊情况 ● GB/T 13870.3—2003 电流对人和家畜的效应　第 3 部分：电流通过家畜躯体的效应 ● GB/T 13870.4—2017 电流对人和家畜的效应　第 4 部分：雷击效应 ● GB/T 13870.5—2016 电流对人和家畜的效应　第 5 部分：生理效应的接触电压阈值
GB/T 16842—2016	外壳对人和设备的防护　检验用试具

2. 方法类基础标准

涉及泄漏电流、电气强度、绝缘配合、着火危险等电气安全基础试验的要求和方法。部分相关标准见表 6-15。

表 6-15　方法类基础标准

标准编号	标准名称
GB/T 12113—2003	接触电流和保护导体电流的测量方法
GB/T 17627—2019	低压电气设备的高电压试验技术　定义、试验和程序要求、试验设备
GB/T 5169 系列	电工电子产品着火危险试验

表 6-15（续）

标准编号	标准名称
GB/T 4208—2017	外壳防护等级（IP 代码）
GB/T 16927 系列	高电压试验技术： • GB/T 16927.1—2011 高电压试验技术　第 1 部分：一般定义及试验要求 • GB/T 16927.2—2013 高电压试验技术　第 2 部分：测量系统 • GB/T 16927.3—2010 高电压试验技术　第 3 部分：现场试验的定义及要求 • GB/T 16927.4—2014 高电压和大电流试验技术　第 4 部分：试验电流和测量系统的定义和要求
GB/T 16935 系列	绝缘配合： • GB/T 16935.1—2008 低压系统内设备的绝缘配合　第 1 部分：原理、要求和试验 • GB/Z 16935.2—2013 低压系统内设备的绝缘配合　第 2-1 部分：应用指南　GB/T 16935 系列应用解释，定尺寸示例及介电试验 • GB/T 16935.3—2016 低压系统内设备的绝缘配合　第 3 部分：利用涂层、罐封和模压进行防污保护 • GB/T 16935.4—2011 低压系统内设备的绝缘配合　第 4 部分：高频电压应力考虑事项 • GB/T 16935.5—2008 低压系统内设备的绝缘配合　第 5 部分：不超过 2 mm 的电气间隙和爬电距离的确定方法 • GB/Z 16935.6—2016 低压系统内设备的绝缘配合　第 2-2 部分：交界面考虑　应用指南
GB/T 16422 系列	塑料实验室光源暴露试验： • GB/T 16422.1—2019 塑料　实验室光源暴露试验方法　第 1 部分：总则 • GB/T 16422.2—2014 塑料　实验室光源暴露试验方法　第 2 部分：氙弧灯 • GB/T 16422.3—2014 塑料　实验室光源暴露试验方法　第 3 部分：荧光紫外灯 • GB/T 16422.4—2014 塑料　实验室光源暴露试验方法　第 4 部分：开放式碳弧灯
GB/T 14522—2008	机械工业产品用塑料、涂料、橡胶材料人工气候老化试验方法　荧光紫外灯

（二）技术要求

1. 用电安全导则

根据 GB/T 13869—2017《用电安全导则》，电气设备在设计、制造、安装、使用和维护等阶段都应符合用电安全的基本原则和基本要求，其目的是规范用电行为并为人身及财产安全提供安全保障。本质安全要求，是指在下述情况下，用电产品对人身、财产和牲畜不产生伤害，包括但不限于：

——在预期使用条件下；

——在合理可预见的误使用下。

对本质安全要求不能满足的情况，应采取安全防护措施实现安全用电。

我国地域广阔，应考虑电气设备及电气装置的复杂使用环境条件，包括热带、寒冷、高海拔、矿山、船用等。

在不同环境条件下使用的各类产品，可按其产品特点和使用环境对其的影响，考虑适用的环境参数和严酷等级，确定用电产品的防护类型。

在复杂环境条件下使用的用电产品，可通过提高设计参数等措施确保：绝缘性能良好、满足各种环境条件的特殊要求、保持正常运行等。此外，某些复杂环境条件下户外使用的产品，应满足一定的外壳防护等级，并视情况需要能够在高温、低温或强太阳辐射下正常工作。

2. 电击防护要求

根据 GB/T 17045—2020《电击防护　装置和设备的通用部分》，电击防护的基本原则是：在正常条件或单一故障条件下，危险的带电部分不应该是可触及的，而可触及的可导电部分不应是危险的带电部分。

电击防护是通过电击防护措施来达到的，电击防护措施可分为：基本防护措施、故障防护措施、加强防护措施。正常条件下的防护是由基本防护措施提供的；单一故障条件下的防护是由故障防护措施提供的；加强防护措施提供了上述两种情况的防护。

（1）基本防护措施

基本防护应由在正常条件能防止与危险带电部分接触的一个或多个措施组成。基本防护措施包括：

● 基本绝缘，对危险带电部分提供基本防护的绝缘，当使用固体绝缘时，应能有效防止人体与危险带电部分接触。当使用空气绝缘时，应利用阻挡物、遮拦或外壳防止人体接触危险的带电部分或进入危险区域，或将危险的带电部分置于人体伸臂范围之外。

● 防护遮栏或外壳，作用是防止人体触及危险的带电部分、防止人进入危险区域。遮栏或外壳应具有足够的机械强度、稳定性、耐久性，以保持所规定的防护等级。它们应被牢固而安全地固定在其位置上。

● 阻挡物，作用是防止人体与危险带电部分的无意接触、防止人无意识地进入危险区域。阻挡物用于保护熟练技术人员或受过培训的人员，但不用于保护一般人员。

● 置于人体伸臂范围之外，作用是用以防止人无意识地同时触及可能存在危险电压的可导电部分，以及防止人无意识地进入危险区域。

● 电压限制，在同时可触及部分之间的电压，应限制到不超过标准规定的特低电压限值，而且安全水平等同于 SELV 或 PELV 并由安全隔离变压器、安全等级等同于安全隔离变压器的电源或电化学电源供电。

● 稳态接触电流和电荷的限制，应将接触电流和能量限制在非危险值。

● 电位均衡，对于高压设备，在附近一定的区域范围内存在跨步电压，在正常条件下应设置均衡电位的接地极，以使人或动物免受危险的跨步电压和接触电压的伤害。

（2）故障防护措施

故障防护是指单一故障条件下的电击防护。故障防护由附加于基本防护中的独立的一项或多项措施组成。故障防护措施包括：

- 附加绝缘，附加绝缘是指附加在基本绝缘之上的独立绝缘，可在基本绝缘失效时提供防触电保护。附加绝缘应同样能承受基本绝缘所规定的电气强度。

- 保护等电位联结，基本防护一旦损坏可能带有危险接触电压的可触及导电部分，都应与保护等电位联结系统连接。

- 保护屏蔽，由插在设备中的危险带电部分和被保护部分之间的导电屏蔽组成，保护屏蔽应接到保护等电位系统上。

- 电源的自动切断，在基本绝缘损坏时，故障电流动作保护器可以断开设备的电源。

- 非导电环境，依靠环境的对地阻抗实现保护的措施。

- 电位均衡，通过设置附加的接地极，用以减小在故障情况下出现的接触电压和跨步电压。

（3）加强防护措施

加强防护措施应具有基本防护和故障防护两者的功能。加强防护措施包括：

- 加强绝缘，应使其在承受电、热、机械以及环境的作用时，具有与双重绝缘（基本绝缘和附加绝缘）同样的防护可靠性。

- 回路之间的防护分隔，是将一个回路与其他回路防护分隔。

- 限流源，其接触电流不应超过规定值。

- 保护阻抗器，应能可靠地将接触电流限制在规定值内，应能承受其所跨接的绝缘两端所规定的电气强度。

3. 特低电压限值

根据 GB/T 3805—2008《特低电压（ELV）限值》，可确定人体在正常和故障两种状态下使用各种电气设备，并处于各种环境状态下可触及导电零件的电压限值。电压限值的确定，与人体阻抗、可触及部分、电气系统、外部影响、人的能力以及参考的生理效应有关。具体相关情况见表6-16。

表6-16 特低电压限值影响因素

序号	电压限值影响因素	影响因子
1	人体阻抗	接触电压，皮肤潮湿程度，电流通路，接触面积，接触压力，波形/频率
2	可触及部分	接触面积（指尖、手指、手），被握紧的可能性，可触及部位的位置，有意识触及/无意识触及
3	电气系统	交流/直流，波形、频率，单脉冲，有参考接地，悬浮接地，与其他系统隔离情况，电源阻抗，脱扣情况，标称值/最大值、容差
4	外部影响	湿度，温度、灰尘，导电率，间接反应，直接接触/间接接触，衣着
5	人的能力	专业人员，经过培训的人，普通人，儿童，残疾人
6	生理效应	感知，反应、疼痛，灼伤，摆脱，麻痹，心脏纤维性颤动以及电气量值（电压、电流、电能、电量、频率）

4. 电流通过人体的效应

根据 GB/T 13870 系列标准，就通过人体的一条给定电流通路而言，对人的危险主要取决于电流的数值和通电时间。由于人体的阻抗随接触电压而变化，所以电流与电压的关系是非线性的。电流与电击相关的主要影响因素见图6-1（实际的情况更为复杂，因为一些因素相互影响，比如电流的路径和持续时间也是人体阻抗的影响因素，但可以广义地理解它们属于接触情况）。

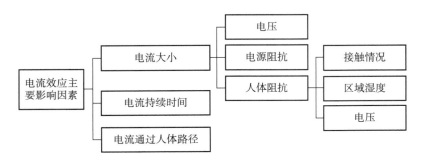

图6-1 电流效应主要影响因素

流经人体电流对人体效应主要有感知、反应、摆脱和电灼伤四种。人体对电流的感觉和效应可大致参考表 6-17。

表 6-17　人体对电流的感觉和效应

电流值/mA	感觉和效应
0.5	开始有感觉
1.0	感到跳动
6.0	心里感到发慌，女性达到不可脱开电流
9.0	男性达到不可脱开电流
20.0	肌肉收缩，呼吸困难
50.0	心室纤维性颤动（十分危险）
200.0	产生烧灼效应

接触电流的大小与人体阻抗密切相关，而人体阻抗由人体内阻抗和皮肤阻抗组成，与电流路径、皮肤潮湿程度、接触电压、电流持续时间、接触面积、接触压力、温度以及频率等有关。值得注意的是，对较低的接触电压，即使是同一个人，其皮肤阻抗也会随着条件的不同而有很大的变化，如接触表面的干燥、潮湿、出汗条件，对于较高的接触电压，则皮肤阻抗显著下降，而当皮肤被击穿时，变得可以忽略了。

5. 高电压试验

高电压试验（电气强度）是通过对产品施加一个高于其额定值的电压并维持一定的时间来检查产品的绝缘材料和绝缘结构（间距）是否符合要求的测试。家用电器设备的绝缘不仅要能长期耐受其工作电压，而且还必须能够承受一定幅度的过电压，这样才能保证其安全运行。

绝缘材料承受电压的能力是有限度的，根据 GB/T 16935.1—2008《低压系统内设备的绝缘配合　第 1 部分：原理、要求和试验》，电击穿是指当放电完全桥接绝缘时在电应力下绝缘失效，导致电极间的电压下降至零。交流耐压测试与直流耐压测试通常不具备等效性：当交流有效值等于直流时，对于纯阻性被测产品，热效应没有区别。但是，被测产品承受的电应力不同。此外，杂散电容的存在也会使交/直流耐压测试的结果不同。

标准 GB/T 17627—2019《低压电气设备的高电压试验技术 定义、试验和程序要求、试验设备》、GB/T 16927.1—2011《高电压试验技术 第1部分：一般定义及试验要求》都给出了电气强度试验的大气修正参考，外绝缘破坏性放电电压与试验时的大气条件有关。通常，给定空气放电路径的破坏性放电电压随着空气密度或湿度的增加而升高。破坏性放电电压值正比于大气修正因数 K（空气密度修正因数和湿度修正因素的乘积）。目前，对低压设备不规定进行湿度修正，但是需要注意，当相对湿度大于80%时，破坏性放电会变得不规则，特别是当破坏性放电发生在绝缘表面时。

6. 绝缘配合

绝缘配合是指根据设备的使用及其周围的环境来选择设备的电气绝缘特性。只有设备的设计基于在其期望寿命中所承受的应力（例如电压）时才能实现绝缘配合。电气间隙和爬电距离是常见的绝缘配合指标。

电气间隙是指两个导电部件之间，或一个导电部件与器具的易触及表面之间的空间最短距离。爬电距离是指两个导电部件之间，或一个导电部件与器具的易触及表面之间沿绝缘材料表面测量的最短路径。

影响爬电距离和电气间隙的因素有：污染等级、过电压类别、绝缘、工作电压、冲击耐受电压、防触电保护类别、测试部位、非正弦脉冲电压、耐电痕指数、海拔高度、机械影响、湿度等。对电气间隙和爬电距离，最重要的环境参数如下：

- 电气间隙：气压，温度（如果变化较大）。
- 爬电距离：污染，相对湿度，冷凝作用。

7. 塑料

塑料在室内外使用时，经常长期暴露在太阳辐射或玻璃后太阳辐射下。为了更加快速地测定辐射、热、湿度对塑料物理、化学及光学性能的影响，常采用特定试验室光源人工加速气候老化或人工加速辐射暴露试验。

在人工加速气候老化或人工加速辐射暴露试验时，需要关注的差异主要包括：

- 试验室光源与太阳辐射光谱分布的差异。有时采用比正常波长短的波长以获得较快的破损率。就室外暴露而言，通常认为短波紫外线的界限约为300 nm。材料暴露在波长小于300 nm的紫外线下可能会发生其在户外使用时所不会发生的降解反应。

- 试验室高于实际使用条件的辐照度水平。试验室光源暴露一般采用高于平均使用条件的辐照度水平来加速降解。过高的辐照度可能会改变材料的降解机理，这有可能改变材料的稳定等级。

- 试验室没有暗周期光源持续暴露。常采用试验室光源持续暴露来实现对于实际应用时的加速降解，然而，持续暴露可能会消除在室外暴露或室内使用中周期性无辐射时发生的临界暗反应。

- 试验室异常高于实际使用的样品温度。在人工加速气候老化或人工加速辐射暴露试验常采用高于实际使用条件的温度来加速降解。热效应的存在可能使得某些塑料更易降解。此外，高于玻璃转化温度条件下的暴露，将显著地改变聚合物的降解机理及稳定等级。

- 使深浅色样品间产生与实际不符的温度差异暴露条件。有些实验室光源产生大量的红外线。如果未有效控制到达被暴露样品的红外线，那么样品颜色的差异将比自然暴露大。

- 与实际使用条件不同的温度条件。高频率的温度循环可能产生应力引发裂纹或其他使用条件下看不到的降解类型。

- 加速试验使用与实际条件不符的湿气水平。湿气可能造成降解机理和速率的差别。

- 生物因素及污染物缺乏。暴露于湿、热场所下的塑料经常会受到生物因素如真菌、细菌和藻类的迅速生长作用。某些户外环境的污染物和酸雨会对某些塑料的降解机理和速度产生严重影响。

二、家电安全标准

（一）标准的安全理念

GB 4706 系列家用和类似用途电器的安全标准，由一个通用要求标准（GB 4706.1《家用和类似用途电器的安全　第 1 部分：通用要求》）和一百余项的产品特殊要求两部分组成。除少数特殊要求标准外，我国的 GB 4706 系列标准均等同采用 IEC 60335 系列标准。GB 4706.1 标准经多次换版，目前与 IEC 60335-1 标准的对应关系如图 6-2 所示。

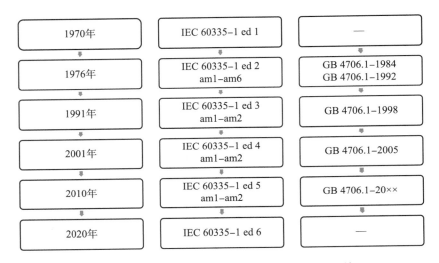

图 6-2　GB 4706.1（IEC 60335-1）标准的版本情况

根据 GB 4706.1 标准的引言，该标准所认可的是家用和类似用途电器在注意到制造商使用说明的条件下按正常使用时，对器具的电气、机械、热、火灾以及辐射等危险的防护达到一个国际可接受水平，它也包括了使用中预计可能出现的非正常情况，并且考虑电磁干扰对器具的安全运行的影响方式。可见，GB 4706 系列标准的安全理念和 GB/T 13869—2017《用电安全导则》中的本质安全要求（在预期使用条件和合理的误用条件下不产生危害）相符。

（二）标准对危险的防护

GB 4706.1 标准关注的主要是触电、机械、热、着火以及辐射和化学等类别的危险。统计 GB 4706.1 标准各章节具体条款与这几类危险的相关性，以第 11 章发热为例，该章考核了内部布线绝缘的温升，其目的是防止绝缘因温度过高而损坏，故该章与"电击"相关；该章也对器具把手的温升进行考核，其目的是防止温度过高而烫伤使用者，故该章与"热"相关；该章还对测试角的温升进行考核，其目的是防止器具对周围环境过度加热而起火，故该章与"着火"相关。按此思路，统计汇总此几类危险相关的章条数量，如图 6-3 所示。

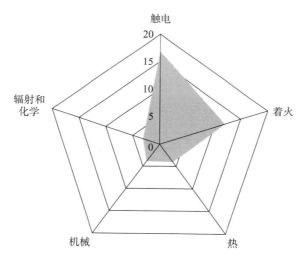

图 6-3　与各类危险相关的 GB 4706.1 章条数量

从上述情况可以看出，GB 4706（IEC 60335）系列标准最注重的是对"触电"危险的防护，其次是对"着火"危险的防护，再次则是对"机械""热""辐射和化学"危险的防护。

标准对上述几类危险及其安全防护要求归纳如下：

1. 触电危险防护要求

见图 6-4。

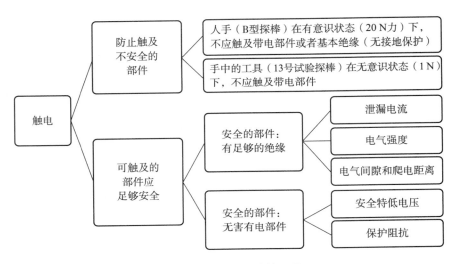

图 6-4　触电危险防护要求

2. 着火危险防护要求

见图 6-5。

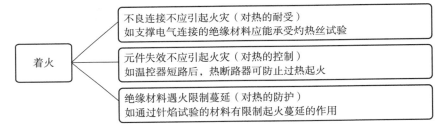

图 6-5　着火危险防护要求

3. 热危险防护要求

见图 6-6。

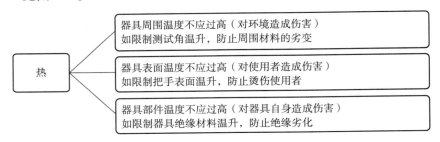

图 6-6　热危险防护要求

4. 机械危险防护要求

见图 6-7。

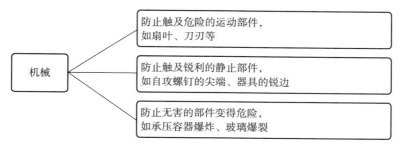

图 6-7 机械危险防护要求

5. 辐射和化学危险防护要求

见图 6-8。

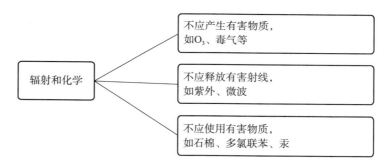

图 6-8 辐射和化学危险防护要求

（三）标准的安全评定原则

GB 4706 系列标准的安全评定具有以下两个重要原则。

1. 安全要求的"双重防护原则"

除少数特别声明的情况，GB 4706（IEC 60335）系列标准不认为两个独立的故障会同时发生，以此确立了双重防护的原则，考虑可能发生的部件失效导致单一故障时，应仍然可以确保器具的安全。该标准中多处体现了这一原则。双重防护原则的示例如表 6-18 和图 6-9 所示。

表 6-18　双重防护原则示例

项目	第一层防护	第二层防护
电击	基本绝缘	附加绝缘
电击	基本绝缘	接地
电击	隔离变压器	特低电压
热、着火	温控器	热断路器
端子连接	锡焊	钩焊
电源线接地	软线夹紧装置	夹紧装置松脱后，地线比相线后拉紧
保护阻抗	至少由两个单独元件构成	

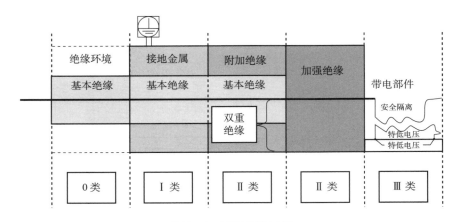

图 6-9　双重保护示例

2. 试验程序的"最不利条件原则"

考虑可合理预见的误使用，为判定器具是否能够消除危害而进行试验时，按照实际可能发生的最不利条件进行。最不利条件原则的示例如表 6-19 所示。

表 6-19　最不利条件原则示例

项目	最不利状态
稳定性试验	器具高低、角度调整到最不利状态
电动器具发热试验	0.94 倍或 1.06 倍额定电压之间的最不利电压供电
器具发热试验	一直持续到正常使用时那些最不利条件所对应的时间

表 6-19（续）

项目	最不利状态
液体溢出试验	安装允许的最小截面积的软线，安装或不装连接器，取不利情况
裸露电热元件断裂试验	在最不利位置将其切断
爬电距离、电气间隙测试	可拧紧到不同位置的部件应拧至最不利位置，可活动部件应置于最不利位置

（四）标准发展方向和领域

家用电器安全标准从 1970 年 IEC 60335-1 第 1 版发布开始，经过50 年的不断改进，其安全理念、原则和要求已经相对成熟稳定。但是，随着家用电器相关新产品、新技术、新场景的应用，家用电器安全标准仍需与时俱进，不断满足标准利益相关方的最新要求。新近发布的 IEC 60335-1（ed6.0）在以下四个方面做了重点的考量：

（1）电源配置"无线化"；

（2）产品升级"智能化"；

（3）使用环境"小儿化"；

（4）光源使用"健康化"。

全文围绕但不限于上述方面进行了 95 项（类）的修改。主要更新内容如下：

表 6-20　标准 IEC 60335-1：2020 主要变化内容

章/条	主要变化内容
引言	（1）引入了涉及 IEC 60335 系列安全要求应用的指南性文件信息，并告知如何找到 www.iec.ch/tc61/supporting documents。这些信息主要是便于用户使用国际标准，并不用于替代本标准的规范性内容。例如，为附录 B、R 和 U 使用的特殊指南性文件。 （2）删除原注释 1"在本标准的通篇提到的第二部分就是指 IEC 60335 的特殊要求"。因为注释包含了规范性的信息，因此将其转化为正文的内容。 （3）涉及有关危险的横向标准、通用标准、基础安全标准和系列安全标准不适用，因为在制定 IEC 60335 系列标准的通用和特殊要求时已考虑，如涉及热表面的 ISO 13732-1。原注释 2 进行了相应修改

表 6-20（续）

章/条	主要变化内容
1 范围	（1）在范围的最后一句增加了"包括直流供电器具和电池驱动器具"。该句来自原注释 1 的前半句。因为范围的第一段覆盖了注释的第一句，因此删除该句；删除第二句，并入 5.17 中作为一般要求。 （2）删除原注释 2"该类似器具是指商用膳食和清洁器具以及理发师用的器具"。该注释与文本不再相关。 （3）原注释 3 包含了规范性的信息，因此将其转化为正文的内容。 （4）原注释 4 包含了规范性的信息，因此将其转化为正文的内容
2 规范性引用文件	本章对引用标准进行了复审，并按以下分类进行了相应修改： （1）在本标准的文本中需要引用的新标准（IEC 60934，Circuit-breakers for equipment（CBE））； （2）删除了不再引用的标准（IEC 60309（all parts），Plugs，socket-outlets and couplers for industrial purposes）； （3）修改了注日期的引用标准，使用 61/6012/FDIS 编制时可获得的新版标准或增补件（IEC 60252-1：2010，AC motor capacitors—Part 1：General—Performance，testing and rating—Safety requirements—Guide guidance for installation and operation IEC 60252-1：2010/AMD1：2013）
3 术语和定义	（1）给出了 IEC 和 ISO 术语数据库的链接信息： IEC Electropedia：available at http：//www.electropedia.org/ISO Online browsing platform：available at http：//www.iso.org/obp。增加了"除非另有规定，当使用术语"接地"时，它特指保护接地。以明确与带有功能性接地器具的接地有所不同。 （2）在 3.1.9 正常工作中增加"工作时带有一体式或可分离式电池的器具，充电时无需将电池与器具断开。"在充电过程中，某些器具可以按其设计继续执行其预定功能。该类型的器具在有和没有执行其预期功能的情况下进行试验。在充电过程中，某些器具可以按其设计无法继续执行其预定功能，该类型的器具在试验时无需执行其预定功能。 （3）增加了 3.1.2 插座负载："插座负载是指能够被连接到用户触及的器具插座和输出插座的负载"；注释 1"插座电压不超过 SELV 的插座不认为是器具插座"。前述内容考虑了从器具插座向别的器具供电时，器具的安全影响。 （4）在 3.4.1 特低电压和 3.4.2 安全特低电压中增加了"功能接地"。 （5）3.4.4，修改了 PELV 的定义，以便与 IEC61140 保持一致。 （6）增加注释 1"电池驱动的器具可有电源连接"。3.5.9 将"mains"改为了"supply"，电源连接不仅指连接到电网上，也指连接到太阳能板上。 （7）3.6.8~3.6.12，增加了电池相关的术语和定义，以明确电池驱动器具及某些类型的电池的要求；3.10 增加了电池充放电的相关术语和定义。 （8）增加了远程操作和连接到公共网络上器具的相关术语和定义

表 6-20（续）

章/条	主要变化内容
4 一般要求	无变化
5 试验的一般条件	（1）5.1，例行试验在资料性附录 A 中表述。 （2）5.2，原注释 2 和 3 包含了部分规范性的要求，因此将其转化为正文的内容。 （3）5.6，原注释 1 包含了规范性的信息，因此将其转化为正文的内容。原第三段中删掉了"unless otherwise specified"。 （4）5.8.2，原注释 1 和 2 包含了规范性的信息，因此将其转化为正文的内容。 （5）5.10，增加了在器具使用金属离子电池时，制造商或代理必须要提供有关放电结束时的电压、充电电压上限和电池的额定容量信息，以完成本标准的试验。 （6）5.17，修改了电池驱动器具的要求，明确说明电池驱动器具以及可拆卸电池和可分离电池都按照附录 B 进行试验。 （7）5.18，5.19，增加相关内容，以明确电池和电芯试验一般条件及电芯和电池电压测量的要求。 （8）5.20，增加"试验指施加的力不超过 1 N"。如果在文本中未对试验指使用时的施加力做出规定，则应增加本内容以明确如何使用试验指
6 分类	在原注释中增加日期标注和增补件的有关内容
7 标志和说明	（1）7.1，删除了与文本不再相关的原注释 1、2、3；引入了带有可由用户触及的器具插座和输出插座的要求。这些要求考虑了从器具插座向别的器具供电时，器具的安全影响；增加相关内容，以明确对插图 B.1 所述器具的要求。增加了"带有功能接地的Ⅱ类和Ⅲ类器具应按 IEC 60417—5018（2011-07）的要求标志"。 （2）7.6，增加了可拆电源部件的符号 ⊃━□━⊂。 （3）7.12，增加"in hard copy form"，明确使用说明书（硬件）应随器具一起提供；对于使用金属离子电池的器具，说明书应明确电池充电的正常温度范围。在超出制造商规定的温度范围对金属离子电池充电时，会导致危险情况的发生。 （4）7.12.5，增加"如果按照 22.58 的要求，导线组随整机一起提供，则说明书应提供下述信息：如果导线组损坏，必须使用制造商或售后代理提供的特制导线组更换。如果器具是通过器具插座连接到电网上的，而器具插座又不是 IEC 60320-3 或 IEC 60309-2 标准中列出的，则必须要提供导线组，因为导线组一般的零售商处不易买到。 （5）7.14，要求拆成两部分。其中之一与易辨性有关，另外与耐久性有关，这样更类似于试验规范

表 6-20（续）

章/条	主要变化内容
8 防触电保护	（1）8.1.1，增加"在使用 18 号试验指试验时，器具应像正常使用时一样装配完整，不拆下任何部件。对于商用器具，不施加 18 号探针，除非这些器具用于公共区域"。 （2）如果开孔不易插入试验指，当使用 18 号试验指时，施加的力增加到 10 N。 （3）8.3，增加了电池驱动器具、嵌入式器具和固定式器具的要求
9 电动电器的启动	无变化
10 输入功率和电流	（1）在整个工作周期中，当输入功率和额定电流变化比较大时，明确了输入功率和额定电流的测量要求。 （2）引入了带有可由用户触及的器具插座和输出插座的要求。这些要求考虑了从器具插座向别的器具供电时，器具的安全影响
11 发热	（1）11.3，增加"如果有必要拆开器具才能放置热电偶，要确保随后正确复原。如有疑问，要相应地重新测量输入功率或输入电流。" （2）引入了带有可由用户触及的器具插座和输出插座的要求。这些要求考虑了从器具插座向别的器具供电时，器具的安全影响。 （3）某些类型的可充电电池无需将电池从电池驱动器具上断开便可充电。在充电过程中，某些器具可以按其设计继续执行其预定功能。该类型的器具在有和没有执行其预期功能的情况下进行试验。在充电过程中，某些器具可以按其设计无法继续执行其预定功能，该类型的器具在试验时无需执行其预定功能
12 金属离子电池的充电	（1）将原 12 章的空章转为"金属离子电池的充电"。 （2）无论为电池充电的推荐温度如何，它始终在 20 ℃±5 ℃ 的环境温度下进行试验，因为这是用户将电池充电的正常环境。但是，如果建议温度范围的下限小于 10 ℃，或者建议温度范围的上限大于 40 ℃，则在规定的限值进行试验，以确保每个电芯在电芯制造商规定的充电工作范围不超过电芯内部的温度。请参阅图 14，图 14 显示了充电期间锂离子电芯规定工作范围的示例。 （3）在 25 ℃±5 ℃ 环境温度下重复试验，电池中包含不平衡。在不平衡条件下，对于每个电芯，由电芯制造商规定的充电操作范围不应超过电芯内部温度
13 在工作温度下的泄漏电流和电气强度	（1）按照 ISO/IEC 导则第二部分要求，将 13.2 条的原注释 2 转变为正文，作为一个特殊警告语，包含了对危险的处置。 （2）13.3，原注释 2 和 3 包含了规范性的信息，因此将其转化为正文的内容

表 6-20（续）

章/条	主要变化内容
14 瞬间过压	删掉了原注释 1 和 2，原注释 2 包含了规范性的信息，因此将其转化为正文的内容
15 防潮	（1）对于带有插入输出插座的一体式插销器具和器具部分，确保水不能进入到器具外壳，也不能影响到输出插座，进一步明确了器具防潮的试验准则。 （2）15.1.1，增加了 IEC 60529 的标注日期和增补件内容，修订是为了那些需要对照 IEC 60529 及其增补件进行分类的试验。 （3）15.1.2，对于带有自动卷线器和带有 IP 第二个数字的器具，引入了防潮的要求。 （4）当采用插入输出插座的一体式插销方法固定器具时，修改了 IP 第二个数字对应的试验。 （5）使用非离子型漂洗剂，以避免影响试验结果
16 泄漏电流和电气强度	16.3，原注释 1、3 和 6 包含了规范性的信息，因此将其转化为正文的内容
17 变压器及其附属电路的过载保护	IEC 61558 1：2017 标注了日期
18 耐久性	注释进行了编辑性修改
19 非正常工作	（1）19.1，对于具有连接电网方式的电池驱动器具的试验，依据本标准的正文在其连接到电网时进行；当从电池供电时，依据附录 B 进行试验，参照图 B.1 的范例。 （2）19.5，如果器具在控制器处于不动作时符合了 19.13 的要求，那么电子电路就不再是保护电子电路了，因为器具在本条的非正常工作时，其安全不再依赖于它的工作。 （3）19.5，因为中线易于识别，本文对于器具使用极性插头连接极性输出插座给出了例外，且这就相当于器具永久性地连接到了固定布线。 （4）19.13，增加本要求，以限制空载输出电压，并确保插座或连接器不会变成带电部件，也不会与 19.13 的第二段相矛盾。 （5）19.17，引入这些失效条件，以确保充电系统是设计用于在电池充电时防止危险情况的发生。 （6）19.17，当充电器通过电源线为电池充电时，该要求适用。它试图评估电源线何时出现短路，电池的能量通过电源线（回给）上的线路放电。因此，该线至少需要两个导体才能进行此测试。额外信息：由于导线载流能力可能已经过选择用于充电电流，因此由此引起的高短路电流可能会点燃电源线。设计可以通过提供熔断丝或阻塞二极管或其他方法来防止这种回给情况或处理导线，以便可以耐受短路

表 6-20（续）

章/条	主要变化内容
20　稳定性和机械危险	（1）20.1，原注释包含了规范性的信息，因此将其转化为正文的内容。 （2）20.2，引入了 18 号试验指。因为越来越多的器具开始被 3~14 岁的儿童使用或触及，因此引入了 18 号试验指
21　机械强度	（1）21.1，原注释包含了规范性的信息，因此将其转化为正文的内容。 （2）21.1，中对于带有插入输出插座的一体式插销的器具，引入并明确了机械强度的要求。因为本内容适用于所有带有插入电网输出插座的一体式插销的器具，因此将其从附录 B 移至本标准的正文中。 （3）21.3，引入子条款，以涵盖带有插入输出插座的插脚的电器的安全要求，输出插座的特性允许器具旋转以适应输出插座的结构，而不会损坏器具内部连接等
22　结构	（1）22.1，增加了 IEC 60529 的标注日期及增补件的有关情况。 （2）22.2，内容重新撰写，因为一些国家的布线规则并不要求在固定布线中的断开是全极断开。他们仅要求切断线路导线。第一和最后的短横提供了全极断开的等效方式。现在的内容更具国际性。 （3）22.3，原注释删除，因为注释包含了规范性的信息，因此将其转化为正文的内容。 （4）22.5，修改相关内容，删掉"having a rated"，包含了通过插销连接的电容容量实际值，而非电容器的额定值。 （5）22.46，第二段删除，因为其属于编写第二部分的说明，且被标准前言的第八段覆盖，所以删除。 （6）22.58，增加内容的原因是如果器具是通过器具插座连接到电网上的，而器具插座又不是 IEC 60320-3 或 IEC 60309-2 标准中列出的，则必须要提供导线组，因为这在一般的零售商处不易买到。 （7）22.59，对于保护性安全特低电压电路，增加了电路隔离要求。 （8）22.60，增加功能性接地要接地，不能依赖器具中线连接到电源上的接地。 （9）22.61，引入了带有可由用户触及的器具插座和输出插座的要求。这些要求考虑了从器具插座向别的器具供电时，器具的安全影响。 （10）22.62，增加相关要求和试验，以减少对通过公共网络远程通信连接的器具遭受信息攻击的机会
23　内部布线	第 23 章中的某些原注释包含了规范性的信息，因此将其转化为正文的内容
24　元件	（1）增加了 IEC 60730 系列等的标注日期及增补件的有关情况。 （2）24.1.10，引入新的要求，以覆盖光辐射危险。 （3）24.1.11，规定了要求按 22.58 随器具提供的导线组的适用标准。特别是要引用 IEC 62821-3，允许不含卤素的导线用于导线组，因为 IEC 60799 现在还未认可该型导线的使用。 （4）24.8，电容器试验的温度、湿度和时间参数应作为规范性内容，但在 IEC 60252-1 中是可选内容

表 6-20（续）

章/条	主要变化内容
25　电源连接和外部软线	（1）原注释包含了规范性的信息，因此将其转化为正文的内容。 （2）第 25 章的表 11 中修改某些器具的额定电流，以便与 IEC 60799 规定的导线组的导线标称横截面积一致。 （3）修改并明确了带有功能性接地器具的要求。这样做是为了避免特别定义"保护接地"对大多数"第二部分"带来的影响，因为并不是所有的"第二部分"都有此要求。现在"接地"的含义自然而然地就是指"保护接地"。 （4）25.23，引入本内容是为了与电源线中的电流公差量一致
26　外导线的接线端子	（1）某些原注释包含了规范性的信息，因此将其转化为正文的内容。 （2）修改并明确了带有功能性接地器具的要求。 （3）26.5 原注释明显地来自"接地导线不能省除"的正文部分，所以删除
27　接地措施	（1）删除了与文本不再相关的原注释。 （2）因为某些原注释包含了规范性的信息，因此将其转化为正文的内容。 （3）修改并明确了带有功能性接地器具的要求
28　螺纹和连接	因为某些原注释包含了规范性的信息，因此将其转化为正文的内容
29　电气间隙、爬电距离和固体绝缘	（1）删除了与文本不再相关的原注释。 （2）因为某些原注释包含了规范性的信息，因此将其转化为正文的内容。 （3）29.1 修改，与 22.31 的要求保持一致，避免补充绝缘和加强绝缘由于磨损导致电气间隙降低。 （4）在表 6 中增加了一个注释，该注释从 29.15 移至表注，使其具有规范性
30　耐热耐燃	（1）删除了与文本不再相关的原注释。 （2）因为某些原注释包含了规范性的信息，因此将其转化为正文的内容。 （3）30.2，参照图 B.1，展示了当电池充电时，连接到电网上的器具的那部分。如果电池在器具内充电或连接到器具上充电，在充电期间，认为器具是无人照看的器具，故 30.2.3 适用。 （4）30.2.3.2，增加"用于后续针焰试验的垂直圆柱体区域内不得有电池，除非电池由符合规范性附件 E 的针焰试验的屏障屏蔽，或包含根据 IEC 60695 11-10 分类为 V-0 或 V-1 的材料屏蔽，前提是用于分类的试验样品不厚于本器具的相关部分

表 6-20（续）

章/条	主要变化内容
31 防锈	（1）因为某些原注释包含了规范性的信息，因此将其转化为正文的内容。 （2）增加"除非第二部分另有规定，否则就认为器具符合要求，无需试验"
32 辐射、毒性和类似危险	32.2，引入新的要求，以覆盖光辐射危险
附录	（1）附录 B 题目改为："电池驱动器具、电池驱动器具的可分离和可拆电池"。 （2）附录 K 和 M 改为资料性的附录。 （3）增加规范性附录 U "通过公共网络遥控通讯的器具"。 （4）增加插图 14 "锂电电芯充电规定工作区域示例"

第七章
环境试验检测设备及计量

| 第一节 |
环境试验检测设备

一、概述

为对在高海拔、高温高湿等复杂使用环境下的安全性进行评估，需要使用环境模拟试验设备提供所需的复杂环境条件，再利用电气安全试验设备进行各项安全指标的检测。现有环境试验设备及对应技术方法标准已经涵盖了高温、低温、湿热、低气压等各种复杂环境类型，明确了通用的设备技术参数和指标要求，但应用到家用电器具体的复杂使用环境安全检测时，还需要根据实际情况选择或修改相关的参数和要求。

二、设备分类及标准

根据国际电工委员会 IEC/TC 75 环境条件分类委员会颁布的"环境参数分级标准"，结合环境条件对高海拔、高温高湿等环境模拟试验设备进行归类划分，如表 7-1 所示：

表 7-1　常用环境模拟试验设备分类

环境条件	主要试验设备
气候条件	高低温试验箱、恒定湿热试验箱、交变湿热试验箱、温度变化试验箱、低气压试验箱、紫外老化试验箱、氙灯老化试验箱、淋雨试验箱
生物条件	霉菌试验箱
化学活性物质条件	盐雾试验箱、气体腐蚀试验箱
机械活性物质条件	砂尘试验箱
机械条件	正弦振动台、随机振动台、冲击试验台、碰撞试验台、跌落试验台
复杂使用环境条件	温度-湿度-振动试验台、温度-气压-振动试验台

广义的环境条件包括家用电器所处的气候、生物、化学、机械等各类条件。其中高海拔、高温高湿等复杂使用环境条件主要体现在高温、低温、高湿、低气压、温湿度交变、老化等方面。而霉菌、淋雨、沙尘、振动则通常只在特定情况下考虑。

常用环境模拟试验设备涉及的主要标准如表 7-2 所示:

表 7-2　常用环境模拟试验设备主要标准

标准编号	标准名称
GB/T 10592—2008	高低温试验箱技术条件
GB/T 10586—2006	湿热试验箱技术条件
GB/T 10587—2006	盐雾试验箱技术条件
GB/T 10588—2006	长霉试验箱技术条件
GB/T 10589—2008	低温试验箱技术条件
GB/T 10590—2006	低温/低气压试验箱技术条件
GB/T 10591—2006	高温/低气压试验箱技术条件
GB/T 11158—2008	高温试验箱技术条件
GB/T 11159—2010	低气压试验箱技术条件
GB/T 13310—2007	电动振动台

三、常用环境模拟试验设备

(一) 高低温试验箱

适用于产品高温、低温条件的环境试验,用以评价家用电器的零部件及材料在高温、低温变化的情况下的各项性能指标。高低温试验箱应具有较宽的温度控制范围与较高的温度控制精度,其性能指标满足国家标准 GB/T 10592—2008《高低温试验箱技术条件》,适用于按 GB/T 2423.1—2008、GB/T 2423.2—2008《电工电子产品环境试验　试验 A:低温试验方法,试验 B:高温试验方法》对产品进行低温、高温试验。

（二）恒定湿热试验箱

适用于产品高温、高湿条件的特殊环境试验。恒定湿热试验箱是指将家用电器放在规定的温度及湿度条件下，评价其耐湿热贮存或工作能力。恒定湿热试验箱应具有较大范围的恒温、恒湿控制能力与较高的温、湿度控制精度，适应不同气候条件环境试验需求。恒定湿热试验箱性能指标应满足 GB/T 10586—2006《湿热试验箱技术条件》，适用于按 GB/T 2423.3—2016《电工电子产品环境试验　第 2 部分：试验方法　试验 Cab：恒定湿热试验》对产品进行湿热（恒定）试验。

（三）交变湿热试验箱

交变湿热试验箱可以用来评价家用电器产品或材料在温度、湿度循环变化的环境下，产品表面产生凝露及温湿度交替变化条件下贮存或使用的环境适应性。交变湿热试验箱性能指标应满足 GB/T 10586—2006《湿热试验箱技术条件》，适用于按 GB/T 2423.4—2008《电工电子产品环境试验第 2 部分：试验方法　试验 Db：交变湿热（12 h＋12 h 循环）》对产品进行交变湿热试验。

（四）温度变化试验箱

温度变化试验箱适用于家用电器产品、材料、各种电子元器件在高、低温快速变化的环境下，检验其各性能项指标。温度变化试验箱分为：快速温度变化试验箱、温度冲击试验箱。其中温度冲击试验箱是由高温箱、低温箱、测试箱三个箱体组成；快速温度变化试验箱只有一个箱体，通过线性/平均控温方式来改变箱内的温度变化条件。可按 GB/T 2423.22—2012《环境试验　第 2 部分：试验方法　试验 N：温度变化》实现 3 ℃/min～20 ℃/min 的温度变化速率，有效对被测产品的气候环境进行快速变化过程及适应性能、寿命进行评价试验。

（五）低气压试验箱

适用于高海拔、低大气压条件下的环境试验，检验家用电器对低大气压力条件的适应性。通常低气压试验箱可以同时提供低气压、高温、低温单项或同时作用下的环境适应性与可靠性试验，满足高海拔家用电器常规电气性能参数的测量需求。低气压试验箱为确保试验过程的安全，应采用整体承压结构，其性能指标满足国家标准 GB/T 11159—2010《低气压试验箱技术条件》，适用于按 GB/T 2423.21—2008《电工电子产品环境试验 第 2 部分：试验方法 试验 M：低气压》对产品进行低气压试验。

（六）紫外老化试验箱

紫外老化试验箱适用于非金属材料的耐阳光和人工光源的老化试验，紫外老化试验箱采用荧光紫外灯为光源，通过模拟自然阳光中的紫外辐射和冷凝，对材料进行加速耐候性试验，以获得材料耐候性的试验结果。紫外老化试验箱可模拟自然气候中的紫外、雨淋、高温、高湿、凝露、黑暗等环境条件，适用于按 ISO 4892—3：2006《塑料 实验室光源曝晒方法 第 3 部分：荧光紫外灯》对产品进行紫外老化试验。

（七）氙灯耐气候试验箱

氙灯耐气候试验适用于非金属材料耐阳光的老化试验，是科研生产过程中筛选配方、优化产品组成的重要手段，也是产品质量检验的一项重要的内容，应用材料如涂料、塑料、铝塑板、玻璃等产品标准均要求做氙灯耐气候试验。氙灯耐气候试验箱广泛用于测试材料和产品的光稳定性和抗老化性，因为氙灯发出的光谱很接近完整的包括紫外线（UV）、可视光和红外线（IR）太阳光谱。为获得准确的、重复性好的测试结果，所有的光稳定性或老化性能测试必须控制光线的质量，光强的改变会影响材料损坏的速度，而光谱能量分布的改变则会影响材料降解的速度和类型。氙灯耐气候试验箱模拟造成材料老化的主要因素是阳光和潮湿，耐气候试验机可以模拟由阳光、雨水和露水造成的影响。氙灯耐气候试验箱利用氙灯模拟阳光照射的效果，利用冷凝湿气模拟雨水和露水，被测材料放置在一定温度下的光照和潮气交替的循环程序中进行测试，用数天或数周的时间即可重现户外数月乃至数年出现的危害，利用人工加速老化试验数据可以帮助选择新材料，改良现有材料，以及评价材料的变化是如何影响产品的耐久性的。氙灯耐气候试验箱主要按 ISO 4892—2：2013《塑料　实验室光源暴露方法　第 2 部分：氙弧灯》对产品进行老化试验。

（八）淋雨试验箱

淋雨试验箱是评价家用电器的防水等级测试要求的主要设备。根据 GB/T 4208—2017 防水试验分为 10 个等级（IPX0～IPX9），具体的防水等级与防水要求如表 7-3 所示：

表 7-3　防水等级与要求

防水等级	防水要求
IPX0	无防水保护
IPX1	垂直方向滴水应无有害影响
IPX2	外壳的各垂直面在 15°范围内倾斜时，垂直滴水应无有害影响
IPX3	当外壳的垂直面 60°范围内淋水，无有害影响
IPX4	向外壳各方向溅水无有害影响
IPX5	向外壳各方向喷水无有害影响
IPX6	向外壳各个方向强烈喷水无有害影响
IPX7	浸入规定压力的水中经规定时间后外壳进水量不致达到有害程度
IPX8	按生产厂和用户双方同意的条件（应比 Level 7 严酷）持续潜水后外壳进水量不致达有害程度
IPX9	向外壳各个方向喷射高温/高压水无有害影响

其试验箱的要求满足国家标准 GB/T 2423.38—2008《电工电子产品环境试验　第 2 部分：试验方法　试验 R：水试验方法和导则》对淋雨试验的要求。

（九）盐雾试验箱

盐雾试验箱模拟盐雾环境对家用电器及其防护层的抗腐蚀能力，适用于零部件、电子元件、金属材料的防护层以及工业产品的盐雾腐蚀试验。

其试验箱性能指标满足国家标准 GB/T 10587—2008《盐雾试验箱技术条件》，适用于按 GB/T 2423.17—2008《电工电子产品环境试验　第 2 部分：试验方法　试验 Ka：盐雾》、GB/T 2423.18—2012《环境试验　第 2 部分：试验方法　试验 Kb：盐雾，交变（氯化钠溶液）》对产品进行盐雾腐蚀试验。

（十）　砂尘试验箱

砂尘试验箱模拟自然界风沙气候对产品的破坏性，适用于检测产品的外壳密封性能，根据 GB/T 4208—2017 的规定，砂尘试验分为 IP5X 和 IP6X 两个等级的试验。砂尘试验箱应有载灰尘垂直循环的气流及干燥功能，以确保试验用灰尘可以在规定条件内循环使用，风道底部与锥形料斗接口连接，风机进出风口直接与风道连接，形成"O"型闭式垂直吹尘循环系统。适用于按 GB/T 2423.37—2006《电工电子产品环境试验　第 2 部分：试验方法　试验 L：沙尘试验》、GB/T 4208—2017《外壳防护等级（IP 代码）》对产品进行 IP5X 和 IP6X 防护等级试验。

（十一）　电磁式振动台

电磁式振动台模拟产品在制造、组装、运输及使用中所遇到的各种振动环境，用以评价产品经受机械振动的能力。电磁式振动台通过各种数字式振动控制系统可实现正弦振动、随机振动、随机+正弦振动、随机+随机振动、随机+正弦+正弦振动、随机振动+冲击等各种环境适应性试验，适用于按 GB/T 2423.10—2019《环境试验　第 2 部分：试验方法　试验 Fc：振动（正弦）》、GB/T 2423.56—2018《环境试验　第 2 部分：试验方法　试验 Fh：宽带随机振动和导则》对产品进行振动试验。

（十二）　霉菌试验箱

霉菌试验箱是作为人工加快繁殖霉菌的试验箱，主要是培养生物与植物。它是在密闭的空间内通过设置相应的温度、湿度，使霉菌快速生长和繁殖。霉菌试验用于考核家用电器的抗霉能力及发霉程度，是最常用的加速试验设备之一。其试验箱性能指标满足国家标准 GB/T 10588—2006《长霉试验箱技术条件》，适用于按 GB/T 2423.16—2008《电工电子产品环境试验　第 2 部分：试验方法　试验 J 及导则：长霉》对产品进行长霉试验。进行霉菌试验操作应注意防护，试验前后要做好灭菌与消毒工作，以确保试验人员的安全。

（十三）温度-湿度-振动试验台

温度-湿度-振动试验台也称为三综合试验台，是指综合温度、湿度、振动三个环境应力的试验。本试验可用于考核家用电器在温度、湿度和振动综合的环境下运输、使用的适应性。与单一因素作用相比，更能真实地反映家用电器产品在运输和实际使用过程中对温度、湿度及振动复合环境变化的适应性，暴露产品的缺陷，是新产品研制、样机试验、产品合格鉴定试验全过程必不可少的重要试验项目。其性能指标应满足国家标准 GB/T 2423.35—2005《电工电子产品环境试验　第 2 部分：试验方法　试验 Z/AFc：散热和非散热试验样品的低温/振动（正弦）综合试验》、GB/T 2423.36—2005《电工电子产品环境试验　第 2 部分：试验方法　试验 Z/BFc：散热和非散热试验样品的高温/振动（正弦）综合试验》的要求。

（十四）温度-气压-振动试验台

温度-气压-振动试验台属于典型复杂使用环境的试验设备，是模拟在低气压（高度）复合条件下的振动试验，适用于按 GB/T 2423.63—2019《环境试验　第 2 部分：试验方法　试验：温度（低温、高温）/低气压/振动（混合模式）综合》、GB/T 2423.102—2008《电工电子产品环境试验　第 2 部分：试验方法　试验：温度（低温、高温）/低气压/振动（正弦）综合》对产品进行综合环境试验。

四、环境模拟试验设备技术要求及计量

（一）主要环境试验项目

在复杂环境下使用的家用电器应在其基本性能检测合格后，再根据各

类产品受复杂使用环境因素影响的敏感程度及自身条件，选取相应的人工模拟试验项目、严酷等级和检验内容。家用电器产品在复杂使用环境条件下主要试验项目和试验设备的对应关系如表7-4所示。

表7-4　环境试验项目和设备对应表

序号	试验项目	试验条件	试验内容	试验说明	试验设备
1	低气压试验	气压值：52.5 kPa、60 kPa、68 kPa、78 kPa、87 kPa 持续时间：5 min、30 min、2 h、4 h、16 h	外观及电气和机械性能（包括耐压强度、灭弧能力、防电晕、启动）	适用于检测受低气压影响的产品在低压条件下的适应性	低压试验箱
2	低温试验	温度：−40 ℃、−25 ℃ 持续时间：2 h、16 h、72 h、96 h	外观及电气和机械性能（包括启动性能、非金属件机械强度、电路的通断能力等）	适用于检测受温度影响的产品在低温条件下的适应性	低温试验箱
3	低温低气压综合试验	温度：−40 ℃、−25 ℃：−10 ℃、 气压值：52.5 kPa、60 kPa、68 kPa 持续时间：2 h、16 h、72 h、96 h	外观及电气和机械性能（包括低气压、低温试验所含各项内容）	适用于当产品进行单一环境试验，不能揭示综合环境影响时使用	低温低压试验箱
4	温度变化试验	低温：−40 ℃、−25 ℃、−10 ℃、−5 ℃ 高温：85 ℃、70 ℃、55 ℃、40 ℃、30 ℃ 持续时间：0.5 h~3 h 转换时间：2 min~3 min 循环次数：5 个周期	外观及电气和机械性能（包括机械强度、开裂、绝缘、电性能等）	适用于检测产品经受环境温度迅速变化的能力	高低温试验箱
5	湿热试验	温度：40 ℃ 持续时间：2 d、6 d、12 d、21 h	绝缘强度和电气性能	适用于检测因温差变化而产生凝露现象的产品	湿热试验箱

表 7-4（续）

序号	试验项目	试验条件	试验内容	试验说明	试验设备
6	振动试验	从相关标准选定	外观及电气和机械性能	适用于检测产品在实际使用或运输过程中承受振动的能力	机械振动台
7	太阳辐射试验	辐射强度：1120 W/m² 试验周期：3 d、10 d、56 d	外观及电气和机械性能（包括绝缘、老化、变形、温升等）	确定太阳辐射对产品的影响	氙灯耐气候试验箱
8	盐雾试验	氯化钠浓度：5%±0.1% pH 值：6.5~7.2 温度：35 ℃±2 ℃ 试验周期：24 h、48 h、96 h	外观、绝缘、腐蚀	适用于检测产品抗盐雾腐蚀的能力	盐雾试验箱

（二）环境模拟试验设备技术要求及计量

1. 低气压试验箱

（1）技术要求

低气压试验箱技术要求见表 7-5。

表 7-5　低气压试验箱技术要求

序号	计量项目	单位	技术要求
1	气压等级	kPa	84、79.5、70、61.5、55、40、25
2	气压偏差	kPa	0.1 kPa≤P≤0.4 kPa 时：±20%； 0.4 kPa<P≤2 kPa 时：±0.1 kPa； 2 kPa<P≤25 kPa 时：±0.5 kPa； P>25 kPa 时：±2 kPa。
3	气压变化率	kPa/min	≤10

（2）测量标准及其他设备

标准气压测试仪扩展不确定度应不大于被测气压仪最大允许误差的1/3。

（3）校准方法

①气压偏差：气压偏差测试点位置为试验箱气压指示点，在试验箱气压可调范围内，选取最低的试验气压标称值，使箱内的工作空间从常压降低至试验气压值，稳定 30 min 后，立即进行测试，每隔 1 min 测试一次，共测 30 次。测试数据的最高和最低值与气压标称值之差为试验箱在该标称值下的气压偏差。

②气压变化率：低气压测试点为试验箱的气压指示点，在试验箱气压可调范围内选取最低的气压试验值，当试验箱开始降压时，记录从常压到试验气压的时间，然后使其开始升压，记录从试验气压到常压时间，气压变化率按式（7-1）、式（7-2）计算：

$$\overline{V_{降}} = \left| \frac{P_0 - P}{t_{降}} \right| \tag{7-1}$$

$$\overline{V_{升}} = \left| \frac{P_0 - P}{t_{升}} \right| \tag{7-2}$$

式中：

$\overline{V_{降}}$——降压平均变化速率，kPa/min；

$\overline{V_{升}}$——升压平均变化速率，kPa/min；

P_0——常压值，kPa；

P——试验气压值，kPa；

$t_{降}$——降压时间，min；

$t_{升}$——升压时间，min。

2. 低温试验箱

（1）技术要求

低温试验箱技术要求见表7-6。

表 7-6 低温试验箱技术要求

序号	计量项目	单位	技术要求
1	温度等级	℃	+5、−5、−10、−25、−40
2	温度偏差	℃	±2
3	温度梯度	℃	≤2
4	温度波动度	℃	≤1

（2）测量标准及其他设备

采用铂电阻、热电偶或其他类似温度传感器组成的温度测试系统，传感器时间常数：20 s~40 s，测温系统扩展不确定度不大于 0.4 ℃。

（3）校准方法

在试验箱工作室内取 3 个测试平面，上层与顶面距离是工作室高度的 1/10，中层通过工作室几何中心，下层在最低样品架上方 10 mm 处。测试点位于三个测试平面上，中心测试点位于工作室几何中心，其余测试点到工作室内壁距离为对应边长的 1/10，但对于容积小于 1m³ 的试验箱，该距离不小于 50 mm。

工作室容积不大于 2 m³ 时，测温点为 9 个，布点位置如图 7-1 所示。

A、B、……I——测温点

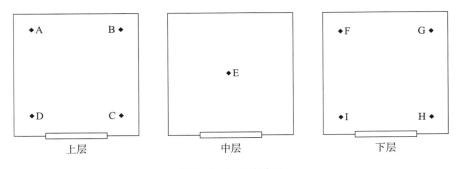

图 7-1 温度布点图

工作室容积大于 2 m³ 时，测温点为 15 个，布点位置如图 7-2 所示。

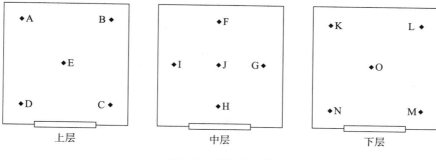

图7-2　温度布点图

A、B、……O——测温点

在试验箱温度可调范围内，选取最高标称温度和最低标称温度。试验箱按先低温后高温的程序运行，在试验箱中心点温度达到测试温度并稳定运行 2 h 后，开始测试 30 min，每隔 1 min 测试一次，共 30 次。

①温度偏差按式（7-3）计算：

$$\Delta T_i = \overline{T_i} - \overline{T_0} \tag{7-3}$$

式中：

ΔT_i——温度偏差,℃；

$\overline{T_i}$——工作空间其他点的温度平均值,℃；

$\overline{T_0}$——工作空间中心点的温度平均值,℃。

②温度梯度按式（7-4）计算：

$$\Delta T_j = \overline{T_h} - \overline{T_L} \tag{7-4}$$

式中：

ΔT_j——温度梯度,℃；

$\overline{T_h}$——温度平均值的最大值,℃；

$\overline{T_L}$——温度平均值的最小值,℃。

③温度波动度按式（7-5）计算：

$$\Delta T_b = \overline{T_{ih}} - \overline{T_{iL}} \tag{7-5}$$

式中：

ΔT_b——温度波动度，℃；

$\overline{T_{ih}}$——工作空间第 i 点的最高温度值，℃；

$\overline{T_{iL}}$——工作空间第 i 点的最低温度值，℃。

3. 低温低压试验箱

（1）技术要求

低温低压试验箱技术要求见表 7-7。

表 7-7　低温低压试验箱技术要求

序号	计量项目	单位	技术要求
1	温度等级	℃	+5、-5、-10、-25、-40
2	温度偏差	℃	±2
3	温度梯度	℃	≤2
4	温度波动度	℃	≤1
5	气压等级	kPa	84、79.5、70、61.5、55、40、25
6	气压偏差	kPa	$P \leq 2$ kPa 时：±0.1 kPa； 2 kPa$<P \leq 25$ kPa 时：±0.5 kPa； $P > 25$ kPa 时：±2 kPa。
7	气压变化率	kPa/min	≤10

（2）测量标准及其他设备

参考低气压试验箱和低温试验箱测量标准及其他设备。

（3）校准方法

参考低气压试验箱和低温试验箱校准方法。

4. 高低温试验箱

（1）技术要求

高低温试验箱技术要求见表 7-8。

表 7-8 高低温试验箱技术要求

序号	计量项目	单位	技术要求
1	温度等级	℃	30、40、55、70、85、100、125
			+5、−5、−10、−25、−40
2	温度偏差	℃	±2
3	温度梯度	℃	≤2
4	温度波动度	℃	≤1

（2）测量标准及其他设备

参考低温试验箱测量标准及其他设备。

（3）校准方法

参考低温试验箱校准方法。

5. 湿热试验箱

（1）技术要求

湿热试验箱技术要求见表 7-9。

表 7-9 湿热试验箱技术要求

序号	计量项目	单位	技术要求
1	温度偏差	℃	±2
2	湿度偏差	%	±3
3	温度梯度	℃	≤1
4	温度波动度	℃	≤1
5	湿度波动度	%	≤2

湿热试验箱的技术参数应能覆盖对应严酷等级湿热试验的参数范围。常见的湿热试验参数有：温度：30℃±2℃、40℃±2℃，相对湿度：85%±3%，93%±3%，时间：12 h、16 h、24 h 和 2 d、4 d、10 d、21 d 或 56 d。

（2）测量标准及其他设备

温度测试系统采用铂电阻、热电偶或其他类似温度传感器，传感器时间常数：20 s~40 s，测温系统扩展不确定度不大于 0.4℃。湿度测试系统采用干湿球温度计或温湿度变送器，扩展不确定度应不大于被测湿度最大允许误差的1/3。

（3）校准方法

参考低温试验箱校准方法。

6. 盐雾试验箱

（1）技术要求

盐雾试验箱技术要求见表7-10。

表7-10 盐雾试验箱技术要求

序号	计量项目	单位	技术要求
1	温度偏差	℃	35±2
2	温度梯度	℃	≤2
3	温度波动度	℃	≤1
4	盐雾沉降率	mL／（h·80 cm²）	1.0~2.0

（2）测量标准及其他设备

温度测试系统采用铂电阻、热电偶或其他类似温度传感器，传感器时间常数：20 s~40 s，测温系统扩展不确定度不大于0.4℃；直径100 mm的玻璃漏斗；容量50 mL的量筒。

（3）校准方法

温度测试点的位置和数量参照图7-1和图7-2。

将试验箱温度调节到试验温度，并使其升温且连续喷雾。在试验箱中心点温度达到测试温度并稳定运行2 h后，开始测试30 min，每隔1 min记录一次，共30次。

①温度偏差的计算参照式（7-3）。

②温度梯度的计算参照式（7-4）。

③温度波动度的计算参照式（7-5）。

④盐雾沉降率。测试点位于试验箱的工作室内，玻璃漏斗的上表面距工作室底面的高度为工作室高度的1/3。工作室的容积不大于2 m³时，测

试点为 5 个，漏斗中心和内壁的距离为 150 mm，布放位置如图 7-3 所示，中心位置有喷雾塔时，中心点可与喷雾塔保持适当距离。

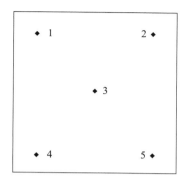

1、2、……5——盐雾沉降率测试点。

图 7-3　盐雾沉降率布点图

工作室的容积大于 2 m³ 时，测试点为 9 个，漏斗中心与内壁距离为 170 mm，布放位置如图 7-4 所示，中心位置有喷雾塔时，中心点可与喷雾塔保持适当距离。

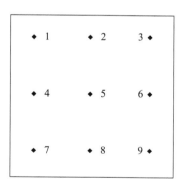

1、2、……9——盐雾沉降率测试点。

图 7-4　盐雾沉降率布点图

将直径 100 mm 的玻璃漏斗穿过橡皮塞并固定在 50 mL 的量筒上，并将量筒要求放在工作室底面上。待试验箱的温度上升到规定的温度后，连续喷雾 16 h，喷雾停止后，去除量筒，记录各量筒中盐溶液的量，按式

（7-6）计算各测试点的烟雾沉降率：

$$G = V/t \qquad\qquad (7-6)$$

式中：

 G——盐雾沉降率，mL/（h·80 cm²）；

 t——连续喷雾时间，h；

 V——盐雾沉降量，mL/80 cm²。

7. 氙灯耐气候试验箱

（1）技术要求

氙灯耐气候试验箱技术要求见表7-11。

表 7-11 氙灯耐气候试验箱技术要求

序号	计量项目	单位	技术要求
1	辐射强度	W/m²	1120（1±10%）
2	温度均匀性	℃	≤±2
3	温度波动度	℃	≤±0.5

（2）测量标准及其他设备

计量标准设备的扩展不确定度应不大于氙灯耐气候试验箱最大允许误差绝对值的1/3，标准设备的功能和测量范围要完全覆盖被测耐压仪的功能和测量范围。主要标准设备有温度测试系统、总辐射表。

（3）校准方法

试验箱内的温度应在低于规定辐射测量平面0 mm～50 mm的水平面上测量，测温装置要有足够的遮挡以防止热辐射，同时测量位置位于试验样品和试验箱壁之间距离的一半处，或距离试验样品1 m的距离，取二者较小者。将试验箱温度调节到试验温度，在试验箱中心点温度达到测试温度并稳定运行2 h后，开始测试30 min，每隔1 min记录一次，共30次。

①温度均匀性的计算参照式（7-4）。

②温度波动度的计算参照式（7-5）。

③辐射强度参考依据 GB/T 2423.24 规定的方法试验。

8. 高海拔环境大型人工模拟气候室

（1）技术要求

如第三章所述，高海拔环境对家用电器安全，如绝缘强度、温升等会产生相应影响。当产品使用地点海拔和试验地点海拔不同时，试验电压值、温升极限值可按海拔差进行修正，但目前针对各类家用电器的研究数据尚有待完善。故大型高海拔人工环境试验设备对家用电器高海拔安全的理论研究和试验验证都具有重要的作用。由于家用电器领域尚无成熟的大型人工高海拔环境模拟设备相关标准，相关技术要求可参考 JB/T 11654—2013《高海拔环境的大型人工模拟气候室技术条件》，详见表 7-12。

高海拔环境大型人工模拟气候室主要用于模拟高海拔环境条件下的温度、湿度和低气压等条件，并应不受产品工作状态的影响。

表 7-12 高海拔环境大型人工模拟气候室性能参数指标

性能项目	计量项目	单位	技术要求	
			温度 T（$0\ ℃ < T \leqslant 85\ ℃$）	温度 T（$-55\ ℃ < T \leqslant 0\ ℃$）
单参数调节	温度偏差	℃	±2	±3
	温度波动度	℃	≤1	
	温度梯度	℃	≤2	
	温度变化率	℃/min	0.35～1.2	
	气压偏差	kPa	±2	
单参数调节	气压变化率	kPa/min	≤10	
	相对湿度偏差	%	±5（≤75）；2^{+2}_{-3}（>75）	

表 7-12（续）

性能项目	计量项目	单位	技术要求	
			温度 T（$0\,℃<T\le85\,℃$）	温度 T（$-55\,℃<T\le0\,℃$）
综合参数调节	温度偏差	℃	±3	
	温度梯度	℃	≤2	
	温度波动度	℃	≤1	
	温度变化率	℃/min	0.35~1.2	
	气压偏差	kPa	±2	
	气压变化率	kPa/min	≤10	
	相对湿度偏差	%	±5（≤75）；2^{+2}_{-3}（>75）	

人工模拟气候室内参数稳定期间，工作空间的风速宜≤1 m/s 或满足相关技术规范的要求。

（2）测量标准及其他设备

采用铂电阻、热电偶或其他类似温度传感器组成的温度测试系统，传感器时间常数：20 s~40 s，测温系统扩展不确定度不大于 0.4 ℃。风速仪感应量不应低于 0.05 m/s。气压测量仪器应满足其扩展不确定度不大于被测气压允许偏差 1/3 的气压表。

（3）校准方法

参考低温试验箱校准方法及 JB/T 11654—2013《高海拔环境的大型人工模拟气候室技术条件》中的方法。

| 第二节 |
电气安全试验设备

一、常用电气安全试验设备

（一）耐压试验仪

耐压试验仪用于各种电器装置、绝缘材料和绝缘结构的耐受电压能力测试。在不破坏绝缘材料性能的情况下，根据标准要求对绝缘材料或绝缘结构施加高电压试验，通过其泄漏电流来判定产品是否满足安全要求。耐压测试主要目的是检查绝缘耐受工作电压或过电压的能力，进而检验产品的绝缘性能是否符合安全标准。常用的耐压试验仪分为直流耐压试验、交流耐压试验及冲击耐压试验，可根据不同的标准要求进行选择。

（二）绝缘电阻测试仪

绝缘电阻测试仪（也称为兆欧表）是电工常用的一种测量仪表，主要用来检查电气设备、家用电器或电气线路对地及相间的绝缘电阻，以保证这些设备、电器和线路工作在正常状态下，发生触电伤亡及设备损坏等事故。绝缘电阻测试仪的测量电压范围为：250 V～1000 V。

（三）泄漏电流测试仪

泄漏电流测试仪用于测量产品在所考虑的状态下的泄漏电流的大小。泄漏电流是指在没有故障，并施加电压的情况下，电器中相互绝缘的金属部件之间，或带电部件与接地部件之间，通过其周围介质或绝缘表面所形成的电流。测量泄漏电流应按产品标准要求采用的对应网络及阻抗进行测量。

（四）接地电阻测试仪

接地电阻测试仪是用于测量电器设备的可触及金属壳体与该产品引出的安全接地端之间的导通电阻的仪器。接地电阻大小直接体现了产品与"地"接触的良好程度。常用的接地电阻测试仪的测量电流有10 A/25 A两种，且为提高测量准确度，安规试验用的接地电阻测试仪应采用四线法测量产品的接地电阻。

（五）灼热丝试验仪

灼热丝试验仪是对电工电子产品、家用电器及其材料进行着火危险的试验仪器，模拟灼热元件或过载电阻之类的热源或点火源在短时间所造成的热应力。灼热丝试验仪是模拟在产品内部容易使火焰蔓延的绝缘材料或其他固体可燃材料的零部件可能会由于灼热丝或灼热元件而起燃。在一定条件下，流过导线的电流过载或元件接触不良，某些元件会达到某一温度而使其附近的零部件发生起燃。

灼热丝试验仪的工作原理是将规定材质 $\phi 4$ mm 的镍铬丝（U 型灼热丝头）用大电流加热至试验规定温度（300 ℃～1000 ℃）后，以规定压力（0.95 N±0.1 N）水平灼烫试品 30 s，试验品和铺垫物是否起燃或持燃时间来测定电工电子产品着火的危险性；试验完成后通过记录灼热时间、起燃时间、火焰熄灭时间，判定被测产品是否合格。灼热丝试验仪性能指标应满足国家标准 GB/T 5169.10—2017《灼热丝装置和通用试验方法》的要求。

二、电气安全试验设备要求及计量

（一）耐电压测试仪

（1）技术要求

耐电压测试仪技术要求见表 7-13。

表 7-13　耐电压测试仪技术要求

序号	计量项目		技术要求	
			2 级	5 级
1	输出电压误差		≤±2%	≤±5%
2	电流误差	≥1 mA	≤±2%	≤±5%
		<1 mA	≤±4%	≤±10%
3	输出电压持续时间误差	>20 s	≤±5%	≤±5%
		≤20 s	≤±1 s	≤±1 s
4	绝缘电阻		≥50 MΩ	

（2）测量标准及其他设备

计量标准设备的扩展不确定度应不大于被测耐压仪最大允许误差绝对值的 1/3，标准设备的功能和测量范围要完全覆盖被测耐压仪的功能和测量范围。主要标准设备有数字高压表、校验仪、数字多用表、标准电阻箱、电子秒表、绝缘电阻表。

（3）校准方法

①输出电压：在输出电压量程范围内均匀选取校准点，且不少于 5 个。采用直接测量法，调节被测耐压仪输出电压，由数字高压表直接读取耐压仪输出电压实际值，输出电压相对误差按式（7-7）计算：

$$\delta_U = \frac{U_x}{U_n} \times 100 \qquad (7-7)$$

式中：

δ_U——输出电压相对误差，%；

U_x——输出电压显示值，kV；

U_n——输出电压实际值，kV。

②泄漏电流：在泄漏电流量程范围内均匀选取校准点，且不少于 3 个。采用直接测量法，调节被测耐压仪输出电压，由校验仪直接读取耐压仪泄漏电流实际值，泄漏电流相对误差按式（7-8）计算：

$$\delta_I = \frac{I_x}{I_n} \times 100 \qquad (7-8)$$

式中：

δ_I——泄漏电流相对误差，%；

I_x——泄漏电流显示值，mA；

I_n——泄漏电流实际值，mA。

③输出电压持续时间：将耐压仪时间控制置于定时模式，调整输出电压至 $0.1\,U_H$（耐压仪最大量程满度值），按下输出启动键同时启动标准计时器，当发出切断信号时终止计时。电压持续时间相对误差按式（7-9）计算：

$$\delta_t = \frac{T_x}{T_n} \times 100 \qquad (7-9)$$

式中：

δ_t——输出电压持续时间相对误差，%；

T_x——输出电压持续时间设定值，s；

T_n——输出电压持续时间实际值，s。

④绝缘电阻：耐压仪置于关机状态，使用 2500 V 的绝缘电阻表，测量高压输出端子与机壳之间的绝缘电阻，使用 1000 V 的绝缘电阻表，测量电源输入线与机壳之间的绝缘电阻。

（二）绝缘电阻表

（1）技术要求

绝缘电阻表技术要求见表 7-14 和表 7-15。

表 7-14　绝缘电阻表准确度等级和允许误差

准确度等级	允许误差/%
0.5	±0.5
1.0	±1.0
2.0	±2.0
5.0	±5.0
10	±10
20	±20

表 7-15　绝缘电阻表额定电压和允许误差

额定电压/V	允许误差/%
50	±10
100	±10
250	±10
500	+20，-10
1000	+20，-10
2500	+20，-10
5000	+20，-10
10000	+20，-10

（2）测量标准及其他设备

计量标准设备的扩展不确定度应不大于被测仪表最大允许误差绝对值

的 1/3，标准设备的功能和测量范围要完全覆盖被测仪表的功能和测量范围。主要标准设备有高压高阻标准器、标准高压电压表。

（3）校准方法

①电阻示值误差：通常在被校表量程范围内均匀选取 10 个校准点。采用标准电阻器法，调节高压高阻标准器的电阻值 R_n，被校表的显示值为 R_x，电阻示值误差按式（7-10）计算：

$$\delta_R = \frac{R_x - R_n}{R_n} \times 100 \qquad (7-10)$$

式中：

　　δ_R——电阻示值误差，%；

　　R_x——被校表显示值，MΩ；

　　R_n^*——标准器电阻值，MΩ。

②开路电压：用标准高压电压表直接测量被校表测量端子 L 和 E 之间的电压，开路电压不低于额定电压的 90%。

③中值电压：将高压高阻标准器的电阻值调至被校表的中值电阻值，用标准高压电压表直接测量被校表测量端子 L 和 E 之间的电压，中值电压不低于额定电压的 90%。

（三）接地电阻测试仪

（1）技术要求

接地电阻测试仪技术要求见表 7-16。

表 7-16　接地电阻测试仪技术要求

序号	计量项目	技术要求		
		1 级	2 级	5 级
1	电阻示值误差	≤±1%	≤±2%	≤±5%
2	报警预置误差	≤±1%	≤±2%	≤±5%
3	试验电流误差	≤±5%		
4	试验电流波动	≤±1%		

（2）测量标准及其他设备

计量标准设备的扩展不确定度应不大于被测仪表最大允许误差绝对值的 1/3，标准设备的功能和测量范围要完全覆盖被测仪表的功能和测量范围。主要标准设备有标准电阻器、标准数字电压表、标准数字电流表。

（3）校准方法

①电阻示值：校准点应在量程 2%～100% 之间均匀选取，校准点不少于 5 个。采用标准电阻器法，被校测试仪的电流输出端和电压采样端分别与标准电阻器的电流端和电压端相接，调节标准电阻器至校准点，当被校测试仪的输出电流稳定后，读取被校测试仪的显示值，电阻示值相对误差按式（7-11）计算：

$$\gamma_R = \frac{R-R_0}{R_0} \times 100 \qquad (7-11)$$

式中：

γ_R——测试仪电阻示值的相对误差，%；

R——被测仪电阻显示值，$m\Omega$；

R_0——标准电阻实际值，$m\Omega$。

②报警预置误差：校准点一般选择 100 $m\Omega$，也可根据实际情况增加校准点。采用标准电阻器法，接线方式和电阻示值的校准相同。由测试仪输出预置试验电流，缓慢调节标准电阻器直至测试仪报警，报警预置误差按式（7-12）计算：

$$\gamma_1 = \frac{R-R_0}{R_0} \times 100 \qquad (7-12)$$

式中：

γ_1——报警预置误差，%；

R——报警预置电阻值，$m\Omega$；

R_0——报警时标准电阻器实际值，$m\Omega$。

③试验电流误差：校准点应在可调电流源量程 20%～100% 之间均匀选取 3～5 个。采用标准电阻器法，被校测试仪的电流输出端和电压采样端分

别与标准电阻器的电流端和电压端相接，标准数字电压表与标准电阻器的电压端并联。测试仪启动，试验电流从标准电阻器流过，读取标准电压表读数 U_0 和测试仪的试验电流 I，试验电流示值误差按式（7-13）计算：

$$\gamma_2 = \frac{I - I_0}{I_0} \times 100 \qquad (7-13)$$

式中：

γ_2——试验电流相对误差，%；

I——试验电流示值，A；

I_0——标准电流表实际值，A。

④试验电流波动：试验电流波动校准的接线方法与电流示值误差校准方法相同，采用标准电阻器法，在 1 min 内读取不少于 5 个读数，试验电流波动按式（7-14）计算：

$$\gamma_3 = \frac{I_{max} - I_{min}}{I_0} \times 100 \qquad (7-14)$$

式中：

γ_3——试验电流波动，%；

I_{max}——试验电流读数最大值，A；

I_{min}——试验电流读数最小值，A；

I_0——试验电流的实际值，A。

（四）泄漏电流测试仪

（1）技术要求

泄漏电流测试仪技术要求见表 7-17。

表 7-17 泄漏电流测试仪技术要求

序号	计量项目	技术要求		
		1 级	2 级	5 级
1	泄漏电流误差	≤±1%	≤±2%	≤±5%
2	试验电压误差	≤±5%		
3	绝缘电阻	≥7 MΩ		

（2）测量标准及其他设备

计量标准设备的扩展不确定度应不大于被测仪表最大允许误差绝对值的1/3，标准设备的功能和测量范围要完全覆盖被测仪表的功能和测量范围。主要标准设备有标准电流源、数字多用表、标准电阻箱、绝缘电阻表。

（3）校准方法

①泄漏电流：在泄漏电流量程范围内均匀选取校准点，且不少于5个。采用标准电流源法，将标准电流源与被测泄漏电流仪相连，调节标准电流源输出至测试仪的各校准点，分别记录标准电流源输出实际值和被测仪表显示值，泄漏电流相对误差按式（7-15）计算：

$$\gamma_I = \frac{I_x - I_0}{I_0} \times 100 \qquad (7-15)$$

式中：

γ_I——泄漏电流相对误差，%；

I_x——被测仪表显示值，mA；

I_0——标准电流源实际值实际值，mA。

②试验电压：试验电压应至少选择4个校准点：最大输出电压值、最小输出电压值、110 V、220 V。采用直接测量法，由小到大调节被测仪表试验电压，由标准数字电压表读取试验电压实际值，试验电压相对误差按式（7-16）计算：

$$\gamma_V = \frac{U_x - U_0}{U_0} \times 100 \qquad (7-16)$$

式中：

γ_V——试验电压相对误差，%；

U_x——试验电压显示值，V；

U_0——标准数字电压表示值，V。

③绝缘电阻：在电源输入端与机壳、电源输入端与测量端分别施加直

流 500 V 试验电压，绝缘电阻值不小于 7 MΩ。

| 第三节 |
试验设备的计量管理和要求

一、概述

试验设备管理是计量管理的重要内容之一，试验设备性能的好坏直接影响试验结果，试验室能否出具准确可靠的检测数据至关重要。如果试验室提供的检测数据不准确，势必会引起对产品质量的误判，不仅给供应商造成经济损失，还会给企业生产带来严重的影响。试验室检测设备是试验室的宝贵资源，是进行检测的重要手段，是检测数据科学、准确的重要保障。

试验设备的计量管理作为一项重要资源要素，应纳入质量管理体系，参与体系运行，以实现质量方针和质量目标。因此，应建立符合准则要求的设备管理体系，实行全面质量管理，使试验设备保持良好的工作状态，满足检测工作的需要。做好试验设备计量管理不仅要准确使用相关设备的计量标准、规程规范，还要满足试验室计量设备量值溯源管理要求。

二、设备计量标准、规程规范

现行的环境试验相关设备涉及的计量标准及电器安规试验设备检定规程汇总见表 7-18 和 7-19。

表 7-18　环境模拟试验设备计量标准

标准编号	标准名称
GB/T 5170.2—2017	环境试验设备检验方法　第 2 部分：温度试验设备
GB/T 5170.5—2016	电工电子产品环境试验设备检验方法　第 5 部分：湿热试验设备

表 7-18（续）

标准编号	标准名称
GB/T 5170.8—2017	环境试验设备检验方法 第 8 部分：盐雾试验设备
GB/T 5170.9—2017	环境试验设备检验方法 第 9 部分：太阳辐射试验设备
GB/T 5170.10—2017	环境试验设备检验方法 第 10 部分：高低温低气压试验设备
GB/T 5170.11—2017	环境试验设备检验方法 第 11 部分：腐蚀气体试验设备
GB/T 5170.13—2018	环境试验设备检验方法 第 13 部分：振动（正弦）试验用机械式振动系统
GB/T 5170.14—2009	电工电子产品环境试验设备基本参数检验方法 振动（正弦）试验用电动振动台
GB/T 5170.15—2018	环境试验设备检验方法 第 15 部分：振动（正弦）试验用液压式振动系统
GB/T 5170.16—2018	环境试验设备检验方法 第 16 部分：稳态加速度试验用离心机
GB/T 5170.17—2005	电工电子产品环境试验设备 基本参数检定方法 低温/低气压/湿热综合顺序试验设备
GB/T 5170.18—2005	电工电子产品环境试验设备基本参数检定方法 温度/湿度组合循环试验设备
GB/T 5170.19—2018	环境试验设备检验方法 第 19 部分：温度、振动（正弦）综合试验设备
GB/T 5170.20—2005	电工电子产品环境试验设备基本参数检定方法 水试验设备
GB/T 5170.21—2008	电工电子产品环境试验设备基本参数检验方法 振动（随机）试验用液压振动台

表 7-19 电器安规试验设备检定规程

规程编号	规程名称
JJG 795—2016	耐电压测试仪
JJG 1005—2019	电子式绝缘电阻表
JJG 843—2007	泄漏电流测试仪
JJG 984—2004	接地导通电阻测试仪

三、试验室计量设备量值溯源管理要求

为确保检测结果的客观真实，应对检测结果有影响的计量设备进行检定/校准，保证量值的可溯源性，对试验室计量设备的检定/校准可分类进行管理。

首次检定/校准是对试验室新购买计量设备进行符合性确认的一种检定/校准，周期检定/校准是按相关检定规程校准规范规定的时间间隔和检定/校准程序、对试验室计量设备定期进行的一种后续检定/校准。试验室计量设备在使用中随着时间的变化，计量性能会发生变化，有可能会超出允许的误差范围，对试验室计量设备进行周期性检定/校准，可避免由于不符合计量要求而带来的风险和后果。同时按国家要求凡列入《强制检定的工作计量器具检定管理办法》和《强制检定的工作计量器具目录》属于国家强制检定的计量器具，必须严格按照检定周期，送有能力、资格和溯源性的法定或授权的计量检定机构，定期进行强制检定，因此必须制定年度周期检定/校准计划，按照计划定期检定/校准。

在周期检定/校准有效期内的计量设备，在使用过程中出现故障维修后，应该重新进行检定/校准，经检定/校准合格后方可投入使用。

第八章

家用电器安全使用指南

◎ 产品使用说明及标识

◎ 复杂使用环境下的家用电器相关注意事项

| 第一节 |
产品使用说明及标识

一、产品使用说明

（一）作用

GB/T 5296.1—2012《消费品使用说明　第1部分：总则》中明确规定了产品使用说明是向使用者传达如何正确、安全使用产品以及与之相关的产品功能、基本性能、特性的信息。使用说明通常以使用说明书、标签、铭牌等形式表达。使用说明可以用文件、词语、标志、符号、图表、图示以及听觉或视觉信息，采取单独或组合的方法表示，它们可以用于产品以及包装上，也可以作为随同文件或资料交付给消费者。在新近发布的IEC 60335-1 ed 6.0 的 7.12 中增加"in hard copy form"，明确使用说明书应随器具一起提供，以保证消费者能够安全使用器具。

产品使用说明的主要作用有：

（1）解释说明是产品使用说明的基本作用。为了使消费者了解和正确地使用产品，各生产厂商均会准备一个通俗易懂的产品使用说明，以指导和帮助消费者使用产品。产品使用说明应详细地阐明产品使用的每一个环节和注意事项。

（2）市场经济的今天，产品使用说明的广告宣传作用也是不可忽略的。一份好的产品使用说明可以使消费者产生购买欲望，达到促销的目的。

（3）产品使用说明对某种知识和技术有传播作用。如介绍产品的工作原理、主要的技术参数、零件的组成等。

（二）基本原则

依据 GB/T 5296.1—2012《消费品使用说明　第1部分：总则》和

GB/T 5296.2—2008《消费品使用说明　第 2 部分：家用和类似用途电器》国家标准的相关要求，家用电器产品的使用说明应遵循以下基本原则：

（1）使用说明是交付产品的重要组成部分，即使用说明是向消费者提交产品的必备资料之一，不能缺少。

（2）使用说明的基本内容和总要求应符合 GB/T 5296.1 的规定。

（3）使用说明应如实介绍产品，不应有夸大和虚假的内容，也不应借用使用说明来掩盖产品设计上的缺陷。

（4）使用说明应简明、准确，使消费者易于阅读和理解。

（5）使用说明应能指导消费者安全正确使用产品，以避免事故发生，减少产品的故障和损坏，并妥善安放和保养产品。

（6）使用说明的内容应符合 GB/T 5296.2《消费品使用说明　第 2 部分：家用和类似用途电器》及 GB 4706 系列标准及相应产品标准的规定。

（三）内容、要求及形式

1. 产品使用说明包含的主要内容及要求

（1）使用说明的封面或首页上，应标注"使用产品前请仔细阅读本使用说明书"的字样。

（2）使用说明应包含产品名称、产品型号、产品性能特点、产品部件介绍、使用方法、注意事项、保养和维护、安放和安装、生产者的名称和地址、执行标准编号、生产许可证和编号等。

（3）注意事项的标注要确保达到提示消费者注意的目的。为了方便消费者理解，可采取图解的形式。涉及安全问题时，安全警示的标注应符合产品安全标准的要求和 GB/T 5296.1—2012 第 9 章的规定。

注意事项的标注应考虑如下内容：

——如何避免容易出现错误的使用方法或误操作；

——错误的使用方法或误操作可能造成的伤害；

——有安全期限要求的产品，应以安全警示方式标明产品的安全使用期；

——不当的处理、处置造成对环境的污染；

——对产品在使用时可能会出现的异常情况（如异常噪声、气味、温度升高、烟雾等）应采取的紧急措施；

——对特殊使用人群（如儿童、老年人、残障人等）应有安全警示；

——停电或移动等非正常工作情况下的注意事项；

——其他必要的说明。

（4）使用说明应提供产品的保养和维护方面的知识，应详细地指出产品在使用过程中可能会出现的故障，避免故障的方法以及故障的判断、检查和修理。

保养和维护的标注应考虑如下内容：

——故障种类和处理方法；

——允许消费者进行维护和保养的项目以及必须由专业人员拆卸、维修的项目；

——必要时，允许消费者可自行更换的易损元器件的型号、规格；

——保养和维护方面的注意事项；

——产品售后服务事项。

（5）对需要给出安放和安装要求的产品应提供安装、安放的结构示意图以及文字说明，文字说明应包括以下内容：

——使用环境和安放、安装的位置要求；

——产品附件名称、数量、规格；

——安放、安装的操作说明；

——安放、安装的安全措施和注意事项；

——接地说明；

——必须由专业人员安装的产品应特别说明。

如果产品安装有国家相关强制性安装标准的，应符合其要求。

2. 使用说明的主要形式

（1）直接压印、粘贴或永久固定在产品上的使用说明；

（2）印刷或粘贴在产品包装上的使用说明；

（3）随同产品提供的文字资料；

（4）根据需要而提供的其他形式的资料，如光盘、企业网站等。

二、产品标识

（一）概述

产品标识是指用于表明产品信息的各种表述和指示的统称。产品标识主要表现为产品的名称、产地，生产企业的名称、厂址，产品的主要成分、规格型号，以及生产日期、失效日期，警示标志等。产品的标识既可以标注在产品上，也可以标注在产品包装上。其内容应符合《中华人民共和国产品质量法》和其他的相关要求。产品标识可以用文字、符号、数字、图案以及其他说明物等表示。其标示内容应符合国家标准规定的要求。

产品标识应遵循真实性、合法性、必要性、便利性；产品标识应依据法律法规、相关标准、合同约定等进行标注；产品标识标注的内容应当包括以下几个方面：产品的自身属性、生产者相关信息、产品的扩展属性、注意和提示事项等。

产品上应标注的内容包括以下几项：产品名称、产品型号、产品主要技术规格、各种操作和调节图形符号、安全警示、生产者的名称、产品质量检验合格证明、产品安全认证标志、生产日期。

产品销售包装上应标注的内容包括以下几项：产品名称、产品型号、色别指示、包装外形尺寸、产品毛重、图形标志、包装开启指示、生产者的名称和地址、生产许可证编号、产品执行标准编号。

（二）安全警示及注意事项

GB 4706.1—2005《家用和类似用途电器的安全 第 1 部分：通用要求》的第 7 章"标志与说明"中明确规定：

（1）与连接器和水源的外部软管组合的电动控制水阀的外壳，如果它的工作电压大于特低电压，则其应按 GB/T 5465.2（IEC 60417，IDT）规定的标注符号 5036（2002-10）。GB/T 5465.2 中规定的部分图形符号及其名称、含义和应用范围详见表 8-1。

（2）用多种电源的驻立式器具，其标志应有下述内容："警告：在接近接线端子前，必须切断所有的供电电路"。此警告语应位于接线端子罩盖的附近。

（3）电源性质的符号应紧靠所标示的额定电压值。设置Ⅱ类器具符号所放置的位置应使其明显地成为技术参数的一部分，且不可能与任何其他标示发生混淆。

（4）连接到两根以上供电导线的器具和多电源器具，除非其正确的连接方式是很明确的，否则器具应有一个连接图，并将图固定到器具上。

（5）除 Z 型连接以外，用于与电网连接的接线端子应按下述方法标示：

①专门连接中线的接线端子，应该用字母 N 标示。

②保护接地端子，应该用 GB/T 5465.2（IEC 60417，IDT）规定的符号 5019（2006-08）标明。

这些表示符号不应放在螺钉、可取下的垫圈或在连接导线时能被取下的其他部件上。

（6）除非明显的不需要，否则工作时可能会引起危险的开关，其标志或放置的位置应清楚地表明它控制器具的哪个部分。为此而使用的标志方式，应不需要任何语言或国家标准的知识都能理解。

（7）驻立式器具上开关的不同挡位，以及所有器具上控制器的不同挡位，都应该用数字、字母或其他视觉方式标明。

表8-1　GB/T 5465.2中部分图形符号及其名称、含义和应用示例

符号名称	图形标记	用途
5017 接地		用以表示接地端子
5018 功能性接地		表示连接到功能性接地的或功能性接地电极端子，如特别设计的不致影响设备正常运转的接地系统
5019 保护接地		表示在发生故障时防止电击的与外保护导体相连接的端子，或与保护接地电极相连接的端子
5021 等电位		表示那些相互连接后使设备或系统的各部分达到相同电位的端子，这并不一定是接地电位，如局部互连线
5016 熔断器		表示熔断器盒及其位置
5225 电动剃刀插座		用于安全变压器供电的接线插座。表示电动剃刀和类似的低功率器械的接线插座。 注：此符号也可以用于向这种插座供电的安全变压器上
5228 清洗		用于各种纺织品洗衣机。表示有关控制或程序指示器的有关步骤

表 8-1（续）

符号名称	图形标记	用途
5230 甩干		用于各种纺织品洗衣机。表示有关控制或程序指示器的有关步骤
5586 半载容量	1/2	用于洗衣机。标识对程序指示器上半载选项的控制或执行这一步骤。 注：数字 1/2 可被 1/4 等数字代替
5587　5588 中度污染　轻度污染		用于洗衣机
5597　5599 蒸汽　高强度蒸汽		用于熨斗。 表示释放蒸汽的控制装置
5616 烤箱　微波和转盘		表示微波炉转盘的控制装置和/或运行条件
5619 烤箱　指示灯		表示指示灯的控制装置
5627 烤箱，加热		表示在烤箱具有特定功能的高层内将食物保温的控制元件或指示

表 8-1（续）

符号名称	图形标记	用途
5639 可充电电池		表示只与可充电（二级）电池一起使用的设备，或表示可充电电池
5640 主要洗涤，洗碗机		表示主要洗涤选项的程序指示器的相关步骤或相关控制装置
5935 吸水清洁用的 电动清洗头		标识吸水清洁装置用的电动清洗头。 注：本图形符号不应用于工作电压高达 24 V 的第三类结构的装置
5015 通风机 （鼓风机、风扇等）		表示操纵通风机的开关或控制装置。如电影机或幻灯机上的风扇、室内风扇
5957 仅限室内使用		标识设计仅限室内使用的电子设备

三、复杂使用环境下的产品使用说明和标识

（一）高海拔环境

表 8-2 是目前现行标准中涉及高海拔使用环境下产品使用说明和标识的相关规定。

表 8-2　高海拔相关标准中涉及产品使用说明和标识的内容

标准编号	标准名称	使用说明相关规定	标识相关规定
GB/T 20626.1—2017	特殊环境条件高原电工电子产品　第1部分：通用技术要求	5.11　使用说明书中应明确标志具体内容（环境与技术性能、贮存与运输要求）	7　标识 产品耐受高海拔环境条件的能力应在技术文件中表述，或在铭牌中给出，作为选型与检验的依据。根据电工电子产品和设备的实际使用地点的海拔，按照高原环境条件参数，在相应海拔分级区间确定产品和设备的海拔适应能力级别。适应能力级别确定为： 1000 m<海拔≤2000 m 为 G2； 2000 m<海拔≤2500 m 为 G2.5； 2500 m<海拔≤3000 m 为 G3； 3000 m<海拔≤4000 m 为 G4； 4000 m<海拔≤5000 m 为 G5。 如需按实际海拔标注的，可按如下方法标注，如 G2.8 表示海拔2800 m；G3.5 表示海拔 3500 m
GB/T 20626.2—2018	特殊环境条件高原电工电子产品　第2部分：选型和检验规范	5.2.13　技术文件按常规型产品相应标准规定的同时应增加补充说明。补充说明应包含高原使用、维护、注意事项等特殊信息	7　标识 7.1　铭牌 高原型产品的铭牌应符合常规型产品相应标准的规定。 7.2　产品标识 高原型产品应按照 GB/T 20626.1 的规定，在铭牌上或产品的明显部位增加产品的海拔分级标识，即标出产品所能适应的海拔级别
GB/T 20645—2006	特殊环境条件高原用低压电器技术要求	5.1　产品有关技术文件除了应符合相应产品标准外，还应补充高原环境下使用、维护、注意事项等特殊信息内容，以便用户能在高原地区正确使用低压电器产品。户外型高原电器产品应在产品资料中注明	5.2　标志 高原型产品的铭牌上或在产品的明显部位需有明显的适用海拔高度等级标志，符合 GB/T 19607—2004 的要求。 产品海拔分级的标识由两部分构成：G×或 G×-×。 G 标识产品海拔分级，×-用阿拉伯数字标海拔高度等级。 例如：G5 表示适用于海拔最高为5000 m，G3-4 表示可以适用于海拔 3000 m~4000 m

表 8-2（续）

标准编号	标准名称	使用说明相关规定	标识相关规定
TB/T 3213—2009	高原机车车辆电工电子产品通用技术条件	5.13 技术文件 按常规型电工电子产品相应标准规定，但应增加补充说明。补充说明应包括高原使用、维护运行和贮存的注意事项等特殊信息	7 标识 7.1 产品标识 高原型电工电子产品应在铭牌上或产品的明显部位增加产品的海拔分级标识，即标出产品所能适应的海拔级别（G2.5、G4.0、G5.1）。 7.2 铭牌 高原型电工电子产品的铭牌，应符合常规型电工电子产品相应标准的规定
IEC 60335—1：2020	Safety of household and similar electrical appliances—Part 1：General requirements	7.12 For appliances intended for use at altitudes exceeding 2000m, the maximum altitude of use shall be stated	对于打算用在海拔超过 2000m 的器具，应说明适用的最大海拔高度

（二）高温高湿

IEC 60335—1：2020《Safety of household and similar electrical appliances—Part 1：General requirements》附录 P "对于热带气候中所用器具的标准应用导则"中对额定电压超过 150 V，打算用于热带气候国家，并按 IEC 60417—6332（2015-06）标识的 0 类和 0I 类器具；对可靠地连接至由于固定布线系统缺失而没有保护接地的电源情况下的，额定电压超过 150 V，打算用于热带气候国家，并按 IEC 60417—6332（2015-06）标识的 I 类器具，标识和使用说明规定如下：

7 标识和使用说明

7.1 器具按 IEC 60417—6332（2015-06）的规定进行标识。

7.6 热带气候的标识为：

7.12 使用说明应说明通过漏电保护器（RCD）供电的器

具的额定残余操作电流不超过 30 mA。

使用说明应说明如下情况：本器具考虑了在湿热热带气候国家使用。也可在其他国家使用。如果使用了 IEC 60417—6332（2015-06）中的标识，应解释其含义。

| 第二节 |
复杂使用环境下的家用电器相关注意事项

一、制造商或服务商注意事项

家用电器伴随着人们每天的生活，其安全直接关乎消费者的生命健康，因此，不仅需要做好家用电器的安全设计、制造，同时还要关注产品使用中的安全监测，并做好保养和维护维修工作。

前文已经详述了家用电器在高海拔、高温高湿和接地异常等复杂使用环境下，其产品的特性都与普通使用环境下有很大的差异。作为制造商，对于计划销售到这些地区的产品应考虑：

（1）对目标销售地区进行市场调查，了解当地的地理、气候、建筑等情况，并有针对性地开展产品的设计和制造，以保证家用电器在复杂使用环境下，其产品的安全性和使用性能不能降低。

（2）按照相关要求，认真编写产品使用说明，尤其是要清晰表达涉及使用安全方面的注意事项，指导消费者正确使用家用电器。

（3）安装需要接地保护的家用电器时，应对消费者家庭进行接地系统测量，保证产品使用环境的接地性能良好。若接地性能不良时有权拒绝安装，以保证产品和消费者的安全。

（4）对于有故障需要维修的产品，制造商应按规定向维修服务商提供维修所需的合格零部件及维修指南（至少应包括电气线路图、拆装方法、可替换的零部件规格型号等）。维修服务商应及时向制造商或销售商反馈产品质量信息。

（5）家用电器在安全使用年限内进行维修时，维修服务商未经制造商同意不得改变原设计性能和参数、结构，也不得采用低于原材料性能的代用材料和与原规格不符的零部件。对超过安全使用年限的器具维修，应保持原有的防触电保护类型和外壳防护等级。

（6）维修器具时，如发现绝缘损坏，软缆或软线护套破裂，保护线脱落，插头、插座、开关等部件出现安全隐患时，应告知消费者，在征得消费者同意后修复，以消除不安全隐患。

（7）器具在维修后，应进行相关安全项目的检查。

二、消费者注意事项

1. 选购正规企业的品牌产品

购买家用电器时，应选择正规商家销售的品牌产品，切莫贪图便宜购置"三无"产品。对于纳入强制性认证的产品，一定要选择有"CCC"认证标志的产品。另外，在购买插座、开关、导线等低压电器产品时，应选用符合国家标准、规格型号匹配、有"CCC"认证标志的产品；家庭厨卫应选用防潮、防水的产品。

2. 认真阅读产品使用说明，严格按照使用说明操作

据有关部门统计，不少新购家用电器的损坏和对人体的伤害，是由于使用不当或缺乏应有保养知识造成的。因此，消费者在使用新购买的家用电器之前，应该仔细阅读使用说明，并严格按照使用说明的提示进行操作和保养，特别是对使用说明中"警告"的内容，消费者要格外注意，特别小心，千万不可置若罔闻。否则，会给自己造成不必要的损失和人身伤害。另外，产品使用说明也是日后安全使用和保养家用电器的可靠保证，一定要妥善保存，避免毁坏或丢失。

3. 保持产品良好的通风环境

有些家庭为了干净、防尘，喜欢将电器用布或其他物品遮盖，使用时也不完全拿下，这些都是不正确甚至是危险的做法。产品通风孔有很重要的作用，一是通风，以保持机内的干燥，防止元器件受潮腐蚀；二是散热，产品使用时部分元器件温度较高，如不及时散热，就会导致元器件损坏乃至烧毁并引起火灾。尤其是在高海拔和高温高湿地区，本身环境散热条件就比较差，因此，更不能堵塞器具的通风口。

4. 电加热产品周边避免放置易燃物

电加热器发生火灾的原因有：一是将通电的电加热器放在可燃物上或者放在易燃物附近，在长时间的高温烘烤下引燃易燃物；二是消费者在离开时未将电加热器的插头拔掉，时间过长，造成电加热器过热，将邻近的可燃物引燃而造成火灾；三是电加热器未安装插头，直接将电线头插入插座内，易引起短路而发生火灾。由于电加热器的功率都比较大，如果消费者忽视安全，极易造成火灾发生。

5. 保障良好的接地系统

家用电器保护接地指的是在家用电器处于运行状态时，将可能带电的金属壳体和大地连接起来。一般家用电器使用的是三相插头，将三相插头和三孔插座实现连接就是一种保护接地措施。第一可避免因家用电器出现故障，发生外壳漏电而导致触电事故；第二可以消除家用电器外壳静电。另外保护接地的措施，能在家用电器出现绝缘击穿漏电时使供电回路短路，将发生绝缘击穿漏电家用电器的开关关闭，以防止触电事故的发生。

6. 避免旧家用电器超期服役

家用电器"超龄"后，电器元件会老化，电器内部绝缘不良，电器随时可能发生外壳带电现象，一旦电器金属外壳带电，接触电器的人员就有发生触电的可能，给消费者人身安全带来伤害。因此，消费者应有"家用电器安全使用年限"的概念，让旧电器按时退休，避免旧家用电器超期服役。当然，家用电器的安全使用年限也不是绝对的，如果使用环境恶劣，例如潮湿、有腐蚀性气体等，使用频率高，其安全使用年限会大大缩短。

7. 其他注意事项

（1）使用过程中，如发现有异常气味和异常噪声等故障后，应立即切断电源，及时检修。

（2）电器功率与住宅供电线路相匹配，严谨私自拉线，住宅用电系统中的入户电源如果存在超负荷、电源线损坏老化等情况，应及时改造、更换，以避免发生安全事故。

（3）长期无人使用或较长时间离开时，应将电源线插头拔掉或将电源开关关掉。这样做既可以节电，也避免事故发生。

（4）湿手不能触摸带电的家用电器，不能用湿布擦拭使用中的家用电器。

（5）家中有人触电时，应及时切断电源，然后实施正确的救护措施。千万不能在通电情况下直接拉拽触电者裸露的身体部位。

（6）安装漏电保护装置必须选择符合国家技术标准的产品，其性能、功能等都必须符合家庭生活用电需求。

参 考 文 献

［1］樊红芳．青藏高原现代气候特征及大地形气候效应［D］．兰州：兰州大学，2008.

［2］张乐乐，高黎明，赵林，等．基于ITPCAS数据的青藏高原太阳总辐射时空变化特征［J］．北京：太阳能学报，2019，40（9）：2521-2529.

［3］葛昕．高原气候条件对混凝土性能及开裂机制影响的研究［D］．哈尔滨：哈尔滨工业大学，2019.

［4］凌盛，姚鑫，王宗盛，等．高海拔多年冻土分布特征、冻融破坏以及工程防治措施［A］．2014年全国工程地质学术大会论文集，2014：7.

［5］郭林茂，常娟，徐洪亮，等．基于BP神经网络和FEFLOW模型模拟预测多年冻土活动层温度——以青藏高原风火山地区为例［J］．冰川冻土，2020.42（2）：399-411.

［6］程国栋，王绍令．试论中国高海拔多年冻土带的划分［J］．冰川冻土，1982（2）：1-17.

［7］黄以职，郭东信，赵秀锋．青藏高原冻土区沙漠化及其对环境的影响［J］．冰川冻土，1993（1）：52-57.

［8］姚慧茹，李栋梁．青藏高原风季大风集中期、集中度及环流特征［J］．中国沙漠，2019，39（2）：122-133.

［9］熊洁，赵天良，刘煜，等．青藏高原沙漠化对东亚沙尘气溶胶的敏感性模拟分析［J］．高原气象，2016，35（3）：590-596.

［10］邹受益．青藏高原的沙尘暴分布特征及其影响因素［A］．中国青藏高原研究会2006学术年会论文摘要汇编，2006：2.

［11］王劲松，任余龙，魏锋，等．中国西北及青藏高原沙尘天气演变特征［J］．中国环境科学，2008（8）：714-719．

［12］刘艳华，徐勇，刘毅．2000 年来黄土高原地区的人口增长及时空分异［J］．地理科学进展，2012，31（2）：156-166．

［13］成升魁，沈镭．青藏高原人口、资源、环境与发展互动关系探讨［J］．自然资源学报，2000（4）：297-304．

［14］张镱锂，张玮，摆万奇，等．青藏高原统计数据分析——以人口为例［J］．地理科学进展，2005（1）：11-137．

［15］廖顺宝，孙九林．青藏高原人口分布与环境关系的定量研究［J］．中国人口·资源与环境，2003（3）：65-70．

［16］彭银生，王颖，兰青．海南省太阳总辐射的计算及其分布［J］．海南大学学报（自然科学版），2007（3）：259-264．

［17］全国电工电子产品环境条件与环境试验标准化技术委员会．电工电子产品自然环境条件　温度和湿度：GBT 4797.1—2018［S］．北京：中国标准出版社，2018．

［18］袁勇，陈辉，胡震宇，等．海南发射场盐雾环境对航天器结构材料的影响［J］．航天器环境工程，2019，36（1）：61-68．

［19］刘军，形锋，丁铸．环境参数对大器氯离子作用的影响［J］．低温建筑技术，2008，30（6）：4-6．

［20］State of the tropics. 2014 Report，https：//www. jcu. edu. au/state-of-the-tropics/publications/2014．

［21］全国各地海拔高度及大气压．https：//wenku. baidu. com/view/ef0dcce919e8b8f67c1cb98b. html．

［22］全国家用电器标准化技术委员会．家用和类似用途电器的安全：第 1 部分　通用要求：GB 4706.1—2005［S］．北京：中国标准出版社，2005．

［23］全国建筑物电气装置标准化技术委员会．电流对人和家畜的效

应：第 1 部分　通用部分：GB/T 13870.1—2008［S］．北京：中国标准出版社，2008.

［24］全国电气安全标准化技术委员会．电气设备热表面灼伤风险评估：第 1 部分　总则：GB/T 22697.1—2008［S］．北京：中国标准出版社，2008.

［25］全国电气安全标准化技术委员会．电气设备热表面灼伤风险评估：第 3 部分　防护措施：GB/T 22697.3—2008［S］．北京：中国标准出版社，2008.

［26］中国电器工业协会．电工电子产品着火危险试验：第 2 部分　着火危险评定导则　总则：GB/T 5169.2—2013［S］．北京：中国标准出版社，2013.

［27］全国无线电干扰标准化技术委员会．家用电器、电动工具和类似器具的电磁兼容要求：第 1 部分　发射：GB 4343.1［S］．北京：中国标准出版社，2018.

［28］全国电工电子设备结构综合标准化技术委员会．电工电子设备机械结构　热设计规范：GB/T 31845—2015［S］．北京：中国标准出版社，2015.

［29］全国电气安全标准化技术委员会．电气设备　可接触热表面的温度指南：GB/T 34662—2017［S］．北京：中国标准出版社，2017.

［30］德国标准化学会．家用和类似用途电器　电磁场　评估和测量方法：DIN EN 50366［S］．

［31］世界卫生组织．WHO"国际电磁场计划"的评估结论与意见［M］．杨新村，李毅，译．北京：中国电力出版社，2008.

［32］李邦协．电气设备的安全［M］．北京：中国标准出版社，2011.

［33］陈凌峰，刘群兴．电气产品安全原理与认证实践［M］．北京：中国质检出版社，中国标准出版社，2018.

［34］孙立军，蔡汝山．高原环境对电工电子产品的影响及防护［J］.

电子产品可靠性与环境试验，2010，28（4）：15-18.

［35］刘宁宁，李正．海拔2000m以上的低气压条件对电子产品安全性能的影响［J］．安全与电磁兼容．2008（1）：77-79.

［36］周路遥．高原环境下电气化铁路设计特点探讨［J］．中国科技信息，2012（9）：152.

［37］祝锦年，祝红英．高原环境对家电的影响不可忽视［J］．家用电器，2000（6）：42-43.

［38］赵世宜，胡立成，吴娟，等．低气压环境对军用电工电子产品的影响［J］．装备环境工程，2009，6（5）：100-102.

［39］李德龙，李素奇．高原型气候对电气设备的影响［J］．青海民族大学学报（教育科学版），2009，29（5）：70-74.

［40］鲁冬林，韩文俊，王明翀，等．高原工程机械损伤机理及形式研究［J］．建筑机械化，2012，33（4）：39-41.

［41］黄逊青．家电在高原地区的特殊要求应引起重视［J］．电器，2017（8）：66-67.

［42］田冰冰．高原地区的电气设备影响及选择［J］．中国设备工程，2017（13）：203-205.

［43］刘叶弟，宋立新，臧建彬，等．低气压下板式电加热器换热性能的研究［J］．流体机械，2004（6）：56-59.

［44］马力．季节性冻土地区变电站接地系统安全分析及降阻措施研究［D］．成都：西南交通大学，2018.

［45］罗琛，马力，苟旭丹，等．高海拔地区季节性冻土的特征研究［J］．电瓷避雷器，2017（4）：28-32.

［46］卢刘杰．面向电气安全的家电产品设计模型及评价研究［D］．杭州：浙江大学，2006.

［47］李英顺，黄晨，朱理立，等．废旧家用电器的资源化［J］．上海第二工业大学学报，2011，28（3）：236-239.

［48］邓恩强．家用电器产品的非金属材料耐热和耐燃试验检测方法探讨［C］．2010 年中国家用电器技术大会论文集，2010：760-762．

［49］莫荣强，雷春堂．家电壳体用高分子材料及其应用技术的发展趋势［J］．成都：塑料工业，2019，47（2）：6-10．

［50］吴业正，朱瑞琪，曹小林，等．制冷原理及设备．3 版［M］．西安：西安交通大学出版社，2010．

［51］全国冷冻空调设备标准化技术委员会．制冷系统及热泵　安全与环境要求：GB/T 9237—2017［S］．北京：中国标准出版社，2017．

［52］梁斌，刘国丹，胡松涛，等．低气压环境对空调器制冷能力的影响初探［J］．建筑热能通风空调，2007，26（4）：26-28．

［53］http：//www.weather.com.cn/．

［54］王莹，郭建宇．高温和高湿对电子产品安全性能的影响［J］．安全与电磁兼容，2008（4）：61-63．

［55］马志宏，李金国．湿热环境应力下产品失效机理分析［J］．环境技术，2006（5）：31-44．

［56］王友，张滨秋．电子产品的湿热试验［J］．黑龙江电子技术，1994（4）：24-29．

［57］邬宁彪．温度、湿度应力在电气·电子产品失效中的作用［J］．印制电路信息，2005（2）：14-41．

［58］彭骞．湿热环境与电子产品可靠性［J］．电子产品可靠性与环境试验，2003（5）：57-60．

［59］王羚薇，张伟，王威．军用电子设备的三防设计［J］．电子技术与软件工程，2019（24）：68-69．

［60］邓琅．三防技术在电子信号产品设计中的应用［J］．技术与市场，2016，23（12）：105．

［61］肖诗满，陈军，张志刚．家用电器可靠性设计分析［J］．电子产品可靠性与环境试验，2012，30（S1）：93-95．

［62］罗宣国，陶高周．电气产品的"三防"设计［J］．电源世界，2009（5）：49-51.

［63］曲亮．军用电子产品三防技术的发展和工艺改进［J］．航空精密制造技术，2008（1）：52-55.

［64］付桂翠，高泽溪，方志强，邹航．电子设备热分析技术研究［J］．电子机械工程，2004（1）：13-16.

［65］周慧敏．电子设备核心元件热结构设计与分析［D］．南京：南京理工大学，2013.

［66］方志强，付桂翠，高泽溪．电子设备热分析软件应用研究［J］．北京航空航天大学学报，2003（8）：737-740.

［67］贾曦．航电设备热设计中界面接触热阻的热测试及仿真［D］．成都：电子科技大学，2008.

［68］徐迅，杨晓华．非接触式测温技术［J］．科技传播，2012（5）：159-160.

［69］中国电器工业协会．电气附件　家用和类似用途的不带过电流保护的移动式剩余电流装置（PRCD）：GB/T 20044—2012［S］．北京：中国标准出版社，2012.

［70］中国电器工业协会．特殊环境条件　术语：GB/T 20625—2006［S］．北京：中国标准出版社，2006.

［71］中国电器工业协会．特殊环境条件分级：第3部分　高原：GB/T 19608.3—2004［S］．北京：中国标准出版社，2004.

［72］中国电器工业协会．电工产品不同海拔的气候环境条件：GB/T 14597—2010［S］．北京：中国标准出版社，2010.

［73］全国电工电子产品环境条件与环境试验标准化技术委员会．机械产品环境条件　高海拔：GB/T 14092.3—2009［S］．北京：中国标准出版社，2009.

［74］中国电器工业协会．特殊环境条件　高原电工电子产品：第1

部分　通用技术要求：GB/T 20626.1—2017［S］. 北京：中国标准出版社，2017.

　　［75］中国电器工业协会. 特殊环境条件　高原用低压电器技术要求：GB/T 20645—2006［S］. 北京：中国标准出版社，2006.

　　［76］南车株洲电力机车研究所有限公司. 高原机车车辆电工电子产品通用技术条件：GB/T 3213—2009［S］. 北京：中国铁道出版社，2009.

　　［77］中国电器工业协会. 特殊环境条件　环境试验方法：第 1 部分　总则：GB/T 20643.1—2006［S］. 北京：中国标准出版社，2006.

　　［78］中国电器工业协会. 特殊环境条件　环境试验方法：第 2 部分　人工模拟试验方法及导则　电工电子产品（含通信产品）：GB/T 20643.2—2008［S］. 北京：中国标准出版社，2008.

　　［79］全国电气安全标准化技术委员会. 用电安全导则：GB/T 13869—2017［S］. 北京：中国标准出版社，2017.

　　［80］全国电气安全标准化技术委员会. 特低电压（ELV）限值：GB/T 3805—2008［S］. 北京：中国标准出版社，2008.

　　［81］中国电器工业协会. 高电压试验技术：第 1 部分　一般定义及试验要求：GB/T 16927.1—2011［S］. 北京：中国标准出版社，2011.

　　［82］中国电器工业协会. 低压电气设备的高电压试验技术　定义、试验和程序要求、试验设备：GB/T 17627—2019［S］. 北京：中国标准出版社，2019.

　　［83］全国电工电子产品环境条件与环境试验标准化技术委员会. 环境试验　概述和指南：GB/T 2421—2020［S］. 北京：中国标准出版社，2020.

　　［84］全国建筑物电气装置标准化技术委员会. 电击防护　装置和设备的通用部分：GB/T 17045—2020［S］. 北京：中国标准出版社，2020.

　　［85］全国电工电子产品环境条件与环境试验标准化技术委员会. 电工电子产品环境试验设备国家标准汇编［M］. 北京：中国质检出版社，中

国标准出版社，2011.

［86］全国试验机标准化技术委员会．电动振动台：GB/T 13310—2007［S］．北京：中国标准出版社，2007.

［87］全国电工电子产品环境条件与环境试验标准化技术委员会．环境试验设备检验方法：第 2 部分　温度试验设备：GB/T 5170.2—2017［S］．北京：中国标准出版社，2017.

［88］全国电工电子产品环境条件与环境试验标准化技术委员会．电工电子产品环境试验设备检验方法：第 5 部分　湿热试验设备：GB/T 5170.5—2016［S］．北京：中国标准出版社，2017.

［89］全国电工电子产品环境条件与环境试验标准化技术委员会．环境试验设备检验方法：第 8 部分　盐雾试验设备：GB/T 5170.8—2017［S］．北京：中国标准出版社，2017.

［90］全国电工电子产品环境条件与环境试验标准化技术委员会．环境试验设备检验方法：第 9 部分　太阳辐射试验设备：GB/T 5170.9—2017［S］．北京：中国标准出版社，2017.

［91］全国电工电子产品环境条件与环境试验标准化技术委员会．环境试验设备检验方法：第 10 部分　高低温低气压试验设备：GB/T 5170.10—2017［S］．北京：中国标准出版社，2017.

［92］全国电工电子产品环境条件与环境试验标准化技术委员会．环境试验设备检验方法：第 11 部分　腐蚀气体试验设备：GB/T 5170.11—2017［S］．北京：中国标准出版社，2017.

［93］全国电工电子产品环境条件与环境试验标准化技术委员会．环境试验设备检验方法：第 13 部分　振动（正弦）试验用机械式振动系统：GB/T 5170.13—2018［S］．北京：中国标准出版社，2018.

［94］全国电工电子产品环境条件与环境试验标准化技术委员会．环境试验设备基本参数检验方法　振动（正弦）试验用电动振动台：GB/T 5170.14—2009［S］．北京：中国标准出版社，2009.

［95］全国电工电子产品环境条件与环境试验标准化技术委员会．环境试验设备检验方法：第15部分　振动（正弦）试验用液压式振动系统：GB/T 5170.15—2018［S］．北京：中国标准出版社，2018.

［96］全国电工电子产品环境条件与环境试验标准化技术委员会．环境试验设备检验方法：第16部分　稳态加速度试验用离心机：GB/T 5170.16—2018［S］．北京：中国标准出版社，2018.

［97］全国电工电子产品环境条件与环境试验标准化技术委员会．电工电子产品环境试验设备　基本参数检定方法　低温/低气压/湿热综合顺序试验设备：GB/T 5170.17—2005［S］．北京：中国标准出版社，2005.

［98］全国电工电子产品环境条件与环境试验标准化技术委员会．电工电子产品环境试验设备基本参数检定方法　温度/湿度组合循环试验设备：GB/T 5170.18—2005［S］．北京：中国标准出版社，2005.

［99］全国电工电子产品环境条件与环境试验标准化技术委员会．环境试验设备检验方法：第19部分　温度、振动（正弦）综合试验设备：GB/T 5170.19—2018［S］．北京：中国标准出版社，2018.

［100］全国电工电子产品环境条件与环境试验标准化技术委员会．电工电子产品环境试验设备　基本参数检定方法　水试验设备：GB/T 5170.20—2005［S］．北京：中国标准出版社，2005.

［101］全国电工电子产品环境条件与环境试验标准化技术委员会．电工电子产品环境试验设备基本参数检验方法　振动（随机）试验用液压振动台：GB/T 5170.21—2008［S］．北京：中国标准出版社，2008.

［102］全国电磁计量技术委员会．耐电压测试仪检定规程：JJG 795—2016［S］．北京：中国标准出版社，2017.

［103］全国电磁计量技术委员会．电子式绝缘电阻表检定规程：JJG 1005—2017［S］．北京：中国标准出版社，2017.

［104］全国电磁计量技术委员会．泄漏电流测试仪检定规程：JJG 843—2007［S］．北京：中国标准出版社，2007.

［105］全国电磁计量技术委员会．接地电阻测试仪检定规程：JJG 984—2004［S］．北京：中国标准出版社，2004.

［106］全国服务标准化技术委员会．消费品使用说明：第 1 部分　总则：GB/T 5296.1—2012［S］．北京：中国标准出版社，2012.

［107］全国服务标准化技术委员会．消费品使用说明：第 2 部分　家用和类似用途电器的使用说明：GB/T 5296.2—2008［S］．北京：中国标准出版社，2008.

［108］中国电器工业协会．特殊环境条件　高原电工电子产品：第 2 部分　选型和检验规范：GB/T 20626.2—2018［S］．北京：中国标准出版社，2018.

［109］International Electrotechnical Commission. Household and similar electrical appliances－Safety－Part1：General requirements：IEC 60335－1. ED 6.0［S］．Switzerland，2020.